邬达克的家

番禺路129号的前世今生

本书编委会 编

上海远东出版社

《邬达克的家——番禺路129号的前世今生》
编委会

（以下全部名单皆以姓氏笔画为序）

王　林 朱建英 伍　江 华霞虹 李孔三 李耀新 张连城 张永珍 陈世嘉

赵丹丹 赵成樑 胡劲军 姜　江 唐如康 谈会明 曹嘉明 章合軾 谭玉峯

编委会顾问：李耀新 胡劲军

编委会主任：伍　江

编辑部

主　编：刘素华

副主编：冯　立 陈宗亮 徐林林

成　员：王　瑜 史晓婉 劳　娱 吴瑜伦 汪代娟 张华炯 蒋　璜 熊　璐

中文撰稿：冯　立

特约编辑：徐林林

责任编辑：薛雅平

美术编辑：李　廉

技术编辑：晏恒全

致辞

邬达克的建筑过去是，现在是，并将永远是上海城市轮廓的一抹亮色。

贝聿铭

序一

上海不但是一座现代化的城市，同时也是一座国际文化大都市，拥有大量具有时代特色的中国近现代历史建筑，这些带着西方特征和民族色彩的近现代历史建筑是东西方文化交融的结晶和见证，是一部丰富多彩的城市发展史，蕴藏着巨大的人文历史价值，而上海长宁地区又是这部发展史中生动独特的一章。

上海是许多中外知名人士生活、工作过的地方，对中国乃至世界都产生过重大影响。如今，名人已逝，旧居尚存，这些文化底蕴深厚、精神内涵丰富的名人旧居已成为传承历史文化、传播中外友谊、展示城市精神的重要载体，也是上海历史文化资源的特色和优势。

邬达克先生定居上海的数十年间，给这座城市留下了难以磨灭的印记，设计并主持建造了六十余栋建筑，其中三分之一被评为上海市优秀历史建筑，如今这些建筑依然是上海历史文化和城市风貌中不可或缺的部分，他设计的国际饭店从竣工至今一直是上海的地标，其亚洲高度保持了半个世纪，影响了几代国人。

邬达克先生的旧居今天得以修缮、保护和利用，作为第三批全国文明城区的上海市长宁区做了一件很好的事情，而且是引进民间资本来修缮历史保护建筑，长宁区政府为上海市以及全国走出了一条新路。上海市各级政府一贯比较重视历史文化资源的保护和传承，致力于把上海这座城市的历史文化遗产进一步地挖掘好、保护好。挖掘和保护是为了更好地传承，不同的历史文化遗产需寻求不同的保护、传承办法。

邬达克旧居既是上海市优秀历史建筑，又是名人旧居。邬达克旧居是上海建筑行业的圣地，是历史、文化、建筑、艺术的交汇点，认识并发掘邬达克建筑和其他历史建筑以及名人旧居的历史文化价值，用科学发展的观点去分析、去研究，保护利用优秀历史建筑和名人旧居并加以创新发展，这是我们义不容辞的责任。

中国建筑学会理事长

车书剑

2014 年 1 月

序二

建筑是历史和文化的凝固，是城市文脉的载体。上海市委市政府历来十分重视文物建筑的保护与利用、名人旧居的文化发掘与传承。番禺路 129 号是留给上海近百幢建筑的旅沪斯裔匈籍建筑师邬达克的旧居，现为上海著名的文物建筑之一。

邬达克是上世纪初活跃在上海、著名的建筑设计师。他留给上海的作品已成为今天上海城市风貌的重要记忆，他的作品国际饭店曾保持亚洲高度近半个世纪之久。上海海纳百川的城市文化，成就了邬达克。他一生的作品几乎都留在了上海，所以上海人也亲切地称邬达克是上海的建筑师。

经修缮后的邬达克旧居，辟建了“邬达克纪念室”，并不断有国际建筑文化论坛、小型高端室内音乐会、艺术展等形式多样的文化艺术活动举办，由此搭建了一个中外文化交流的桥梁，成为了文化遗产传承与发展的创新平台。无疑邬达克旧居在文物建筑保护性利用方面做出了非常有益的探索。

上海为丰富文化主体，鼓励各类社会资本进入文化文物领域，引导社会力量参与公共文化服务。长期以来，政府一直是历史文化资源保护的主体，而欧美各国在政府的引导下，民间力量对历史文化资源的保护发挥了相当大的作用。邬达克旧居项目引进了民营资本对其进行保护性修缮和利用，拓展了文物保护建筑和名人旧居修缮与保护的新途径，探索了政府部门、专家作用和社会力量致力于保护历史文化遗产的新机制。

胡劲军

上海市文化广播影视管理局、上海市文物局局长

胡劲军

2014 年 12 月

序三

旧时的上海滩充满着太多传奇的故事，这些故事躲在一幢幢富有异域风情的老建筑中，等着后人去推敲，它们或是庄严高耸的教堂、或是摩登异趣的楼所，又或是藏匿于梧桐群下的私人住宅。这些老建筑是那个时代留下的印迹，也充满着传奇。如今，它们许多还依然耸立在上海这座东西方文化交融的国际大都市，记载着昨天，见证着今天和未来。

旅沪斯裔匈籍著名建筑设计师拉斯洛·邬达克在其近30年的上海生涯中，凭借着独特的个人视角，以及对欧洲建筑传统和世界前瞻建筑艺术相融合的运用，不仅成功地进行了一系列全新的创意设计，而且还将“装饰艺术”风格植入申城。正是上海这座城市的多元、包容、开放，成就了邬达克，他留给上海诸多的经典作品奠定了其上世纪初叶上海最著名建筑设计师的地位。毋庸置疑，邬达克是创意设计塑造城市形象的典范，他和他的作品是值得留念的过去和这座城市的记忆。

2010年2月，上海正式加入联合国教科文组织“创意城市网络”，被授予“设计之都”的称号，设计正逐步成为上海城市转型发展的新名片。创意设计既是上海产业转型提升的形势所需，也是上海城市资源的优势所在，城市的建设、经济社会发展与设计息息相关。邬达克及其作品为我们展示了中西方文化间碰撞、融合和交流的历史钩沉，上海以海纳百川的姿态拥抱设计、文化、历史所带来的精彩。邬达克的建筑理念、文化、作品与身影，已融入并固化进上海这座国际大都市的历史沉淀之中，丰富了上海的建筑文化与城市轮廓线。其魅力与精彩，与上海这座不断前行的现代化国际大都市，永远同在，与日俱增。

李耀新

上海市经济和信息化委员会主任

李耀新

2015年1月

序四

时间是地球上最具威力的毁灭者。随着时间的流逝我们开始变老，渐渐地皱纹爬上了额头，接着一失手打碎了最心爱的杯子，在收拾碎片时，不经意地发现厨房的墙壁上有了一个小小的霉点……

我们想出种种办法来抗拒时间的威力。相信现实的人，创造了剧院和音乐；相信永恒的人，创造了电影和书籍；还有一些人相信，现实世界里我们周围的事物能够长久地与我们一同生活一同变老，这些人就是建筑师。

一直以来，建筑大师们渴望为儿女及孙辈们创造美，希望后代能体会其所居住建筑的美，并赋予建筑以生命。邬达克同样如此，他为上海人设计了住宅、电影院、教堂、医院和饭店，上海人一直为他感到自豪。

在进入成熟期的上海，邬达克建筑被赋予新的意义，即文化的延续，换言之，文化遗产。文化遗产对任何一个社会而言都是一项重要的课题，而保护邬达克建筑、积极地再使用这些建筑要求更多的人极度的热忱、专注和努力。

您在本书中将读到有关专注和努力的故事，它们促成了这位匈牙利著名建筑师的旧居得以向公众开放。上海市长宁区政府、上海大钧房地产开发有限公司以及匈牙利外交部、匈牙利建筑师协会各尽其职，共同为修缮旧居而努力，共同造就了邬达克纪念室。

我们诚挚地向他们致谢，感谢他们赋予旧居全新的现在和未来，也愿纪念室为成为我们后代的欢乐之地。

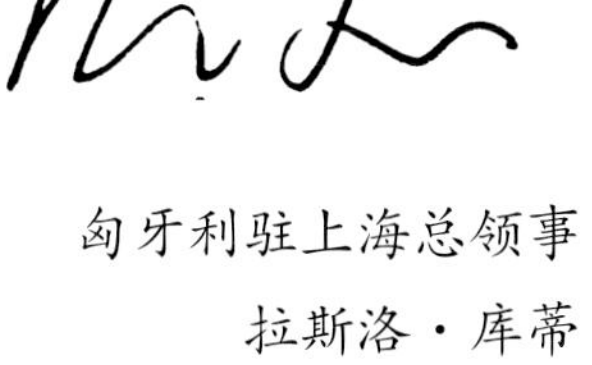

匈牙利驻上海总领事

拉斯洛·库蒂

2013 年 5 月于上海

序五

邬达克（1893-1958）是一位杰出的建筑师。本书的出版，旨在让读者能近距离地了解邬达克的生活、工作及作为一名建筑师为上海创造的文化遗产。

邬达克生于今天的班斯卡-比斯特里察（现斯洛伐克共和国境内，时属奥匈帝国）。当时作为建筑师的父亲希望长子继承父业，年轻的邬达克便进入了匈牙利首都布达佩斯的皇家圣约瑟夫理工大学学习建筑。

邬达克独特的才华在上海得到了充分的施展。1918 年至 1947 年期间，他定居于此，并给这座城市的历史和发展添上了浓墨重彩的一笔。他设计了超过 65 件建筑作品，其中大部分仍保存至今，有三分之一的建筑已先后被列入上海市优秀历史建筑。

邬达克在第一次世界大战中被俄军俘虏，后逃亡至上海。得益于他坚韧的性格和超凡的才华，邬达克逐渐成为一位受人尊敬并颇具影响力的建筑师，并受到了公众及业内人士的关注。他的成功在于对中西方文化的深入理解和融会贯通。他对学校、医院、教堂等公共建筑的设计不仅满足了综合性功能的需求，也兼顾了建筑的美观。邬达克是一位非常受欢迎的建筑师，他总能理解客户的意愿和想法并最大程度地满足其需求。

邬达克最著名的建筑非 22 层装饰艺术风格的国际饭店（1934 年）莫属了，那是数十年间上海滩乃至亚洲最高层的建筑。当时，这里被人们称为最接近星辰的地方。邬达克同时还创造了其他许多第一——远东地区最豪华的住宅（吴同文住宅）、上海第一家装配空调的医院等等。

感谢邬达克，感谢他风格各异的建筑杰作，向世人展示了一个国际性的大都会——上海。

邬达克不仅是一位优秀的建筑师，更是一位杰出的世界性人物。我为我们这位著名的同乡能在中国得到如此高的认可度而自豪。他留给后人的作品为国家间的交流架起了一座桥梁，有着不可替代的重要性。

Pavol Sýkorčin

斯洛伐克共和国驻上海总领事

帕沃尔·希考勤

2013 年 5 月于上海

目录

前言

邬达克是近代上海一位无法绕开的建筑师。在另一本关于邬达克的书序中我曾经说过，如果没有邬达克，上海近代建筑的历史将不得不重写。一位建筑师对于一座城市是如此重要，这在古今中外建筑史和城市史中并不多见。邬达克在上海的职业轨迹和辉煌成就是时代给他的机遇，也是他自身建筑设计天才的必然，但却似乎更是上海这座城市和邬达克本人的巧遇。如果不是上海，而且是20世纪30年代的上海，邬达克很可能连能不能成为建筑师都要打问号；而如果没有邬达克，上海的建筑史将完全是另一部建筑史，而且必定是另一部不那么精彩的建筑史。邬达克的辉煌不仅在于他曾为这座城市留下那么多重要的城市标志性建筑，更在于他已经成为上海这座城市的一个文化传奇，以至于在近一个世纪之后，还在这座城市的文化记忆中继续闪现着炫彩。邬达克的传奇还会被继续传颂，邬达克也必将在今天这个已不再拥有建筑英雄的城市越来越让人们怀念，越来越让人们倾慕，越来越让人们向往。从这个意义上说，邬达克将建筑和建筑师这个职业的文化价值演绎到了极致。面对邬达克建筑，人们对于建筑的历史文化价值还会怀疑、还会纠结吗?

邬达克在上海留下了几十座光彩夺目的建筑作品。但建筑师自己的住宅却更值得我们关注。如果说，建筑师的作品或多或少会被时尚潮流所左右，在很大程度上会屈服于业主的喜好，那么建筑师自己的住宅则更能体现建筑师的生活态度和建筑品味。经过多方努力，邬达克的旧居被拂去历史风尘，重新呈现于公众的视野，让我们得以有机会不仅从他那一座座著名纪念碑式建筑中了解他，更可以在他为自己营造的私人空间中去理解这位传奇式建筑师的生活情怀和更加真实的建筑理念。今天，经过精心修缮的邬达克旧居作为他的纪念室得以向公众开放并成为中国建筑学会的科普教育基地，一座历史建筑的文化价值得到再一次提升和放大。

本书详细挖掘了邬达克旧居的历史，记载了这座历史建筑的修缮经过，向我们展示了这座建筑的历史文化价值。作为历史建筑保护一次极好的示范，邬达克旧居的修缮和开放必将推进上海的历史建筑保护和利用。相信读者一定会从书中进一步品味邬达克建筑的艺术价值和设计理念，更相信读者通过本书会更加喜爱邬达克的建筑作品，更加热爱我们这座城市。

同济大学副校长、建筑学教授
伍 江
2014年12月

1. 故乡与他乡

1.1 引子：邬达克的“家”与“国”

1947 年 2 月上旬，54 岁的邬达克（László Hudec）携妻带子悄然地离开上海，同时也带走了他在上海哥伦比亚路 57 号旧居 (57 Columbia Road，今番禺路 129 号) 里的木门和绘图桌。

离开上海的时候，邬达克在日记中发出了如斯感喟：“到哪儿我都是一个陌生人，一个匆匆的过客，一个漂泊异乡的游子，我是一个飞翔的荷兰人，所到之处即是家乡，却永远没有祖国。”

这句话让人颇多玩味，自 1918 年邬达克孤身来到上海，直至 1947 年举家离开，中年邬达克把生命中超过一半的时间留在了上海。在上海人眼中，这座城市成就了他的事业，给了他家庭，成了他的“家乡”。显然，他于上海并非“一个匆匆的过客”，却如何最后有“到哪儿我都是一个陌生人”之感喟？该怎样理解邬达克的身份认同？这得从其传奇的人生经历开始说起。

1893 年 1 月 8 日，邬达克出生于拜斯泰采巴尼亚（Besztercebánya），如今位于斯洛伐

幼年邬达克

邬达克与他的姐妹

青年邬达克

克共和国境内（班斯卡-比斯特里察），当时则属于奥匈帝国中的匈牙利王国。他的父亲捷尔吉·胡杰茨（György Hugyecz），斯洛伐克人，是当地著名的营造商，曾在布达佩斯建造了欧洲大陆第一条电气化地铁；邬达克的母亲则来自一个基督教世家，有着匈牙利血统。邬达克从小受奥匈文化的影响，学校里教授的也是匈牙利语。他视当时奥匈帝国的君主、茜茜公主的丈夫弗兰茨·约瑟夫一世（Franz Joseph I）为偶像。作为家中长子，邬达克 9 岁起就跟随父亲在工地上实践，在上大学前，已取得了木匠、泥水匠和石匠的专业证书。1910 年，17 岁的邬

邬达克的家庭

邬达克与匈牙利皇家圣约瑟夫理工大学的同学

邬达克家族在家乡的旧宅前

达克入读匈牙利皇家圣约瑟夫理工大学建筑系。四年后，适值第一次世界大战爆发，大学毕业后的邬达克即应征入伍为奥匈帝国而战，表现卓著。然而，在 1916 年的一次战役中，邬达克不幸成为俄国的战俘。1918 年，回国无望的邬达克凭借着一张伪造的俄国护照，几经辗转，只身从西伯利亚经哈尔滨逃往上海。初来上海不多久，邬达克以俄罗斯公民的身份找到了一份在美国人克利（R. A. Curry）开的建筑洋行做绘图员的工作。当时，邬达克只想医好了腿伤，赚够路费就回家乡。

然而，随着一战的结束，奥匈帝国的瓦解，邬达克的家乡归于捷克斯洛伐克共和国所有。在当时亲斯拉夫人政府的统治下，不愿放弃匈牙利国籍的邬达克父亲日子并不好过，其营造公司也因当时紧张的政治环境资不抵债而破产。

应征入伍的邬达克

1920 年，父亲去世，次年邬达克才知晓，从上海回国吊唁。当时，邬达克手中的白俄护照在苏联政权确立后已失去作用，为了回到故乡，邬达克在上海的捷克斯洛伐克领事馆申请一份临时护照。阔别故乡 7 年，面对他的是帝国与父亲双重陨落。

邬达克在俄国前线

于是，在地球的另一边欣欣向荣的上海，邬达克重新开始他的人生。1920 年，27 岁的邬达克凭借着自己在建筑设计方面的才华成了克利洋行的合伙人。在上海，他刻意隐藏战败国国民的身份，塑造折衷主义的建筑，以迎合海纳百川的上海建筑潮流。在之后的一二十年时间里，邬达克成为了上海建筑界执牛耳之人物。

然而，事业成功的同时，对于身份的困扰

邬达克（前右二）与西伯利亚营地的战俘

却一直在延续。在近20年的时间里，邬达克始终排斥“泛捷克运动”人士把持的捷克斯洛伐克。由于他与当时的捷克斯洛伐克政府的财产官司被当局故意拖延和长期搁置，申请匈牙利国籍一事并不顺利。直到1941年，邬达克正式入籍匈牙利王国。1942年，邬达克被任命为匈牙利驻上海领事馆荣誉领事。第二次世界大战时期，他保护了不少匈牙利籍的犹太人在上海避难。

1944年，作为轴心国成员的匈牙利再次成为战败国。作为战败国子民，邬达克的人身及财产安全难以保障（他的岳父在一战结束后作为战败国德国子民，房产被没收充公）；连绵的战争使上海的建筑工程停滞，事务所也没了生意。1947年，邬达克选择举家悄然地离开上海，去往欧洲。有资料显示，邬达克曾准备在1949年迁回上海，然而，时局动荡，他再也没能够回到这个成就他的城市。1948年，匈牙利成为国际共产主义的一营，他终究也没能够还乡，而以政治避难的身份去往美国。

居住在上海29年的时间里，邬达克经历了上海租界的黄金时期，也见证了1940年代初租界的瓦解。在上海，他留下了60多处经典建筑。在1931年至1937年间，他安家于哥伦比亚路的一栋乡村别墅。这段时期，邬达克声名鹊起，鹤立于上海的建筑圈。

1947年，中年邬达克再度面临离“家”背井，又无“国”可归的窘境。无根的“陌生人”之感不禁流露于笔端。所不同的是，这一次，他并非一无所有，他存在瑞士银行的家底已足够他度过之后的人生岁月。最终，邬达克选择于美国加利福尼亚州伯克利定居，从此淡出了建筑圈。

在入籍美国后给友人的一封信中，已入知命之年的邬达克这样写道：

“我究竟是匈牙利人还是斯洛伐克人，我也不知道，我也不困惑，因为我不能把自己劈开，就像我的祖国被割裂那样。我依旧如故。在以前的匈牙利，没人会问我是匈牙利人还是斯洛伐克人，我两者皆爱。因为我母亲来自匈牙利的血统，父亲则来自斯洛伐克的血统，我当然两者都是。”

克利洋行办公室

邬达克在上海的第三年寄给家中的一封信中这样说道：

“这是我们现在的办公室。我们很想要更大个空间，但目前也只能这样了。我们这儿的布局十分紧凑：打字员就坐在接待处，每个人都可以看到他在打什么。我们没有单独的房间。克利的房间原本是一个储藏间。在绘图间，我甚至建了夹层放旧东西。”

“这个办公室和隔壁的办公室只用窗分隔，这种分隔方式在这儿很常见。这个大楼有 50 间不同的办公室。”（1920 年 4 月 23 日）

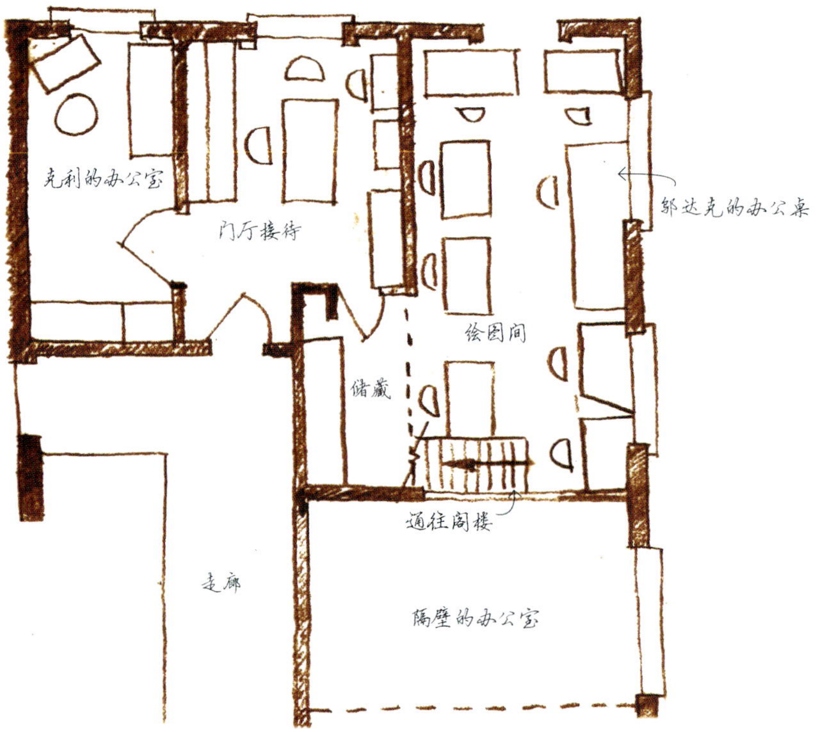

“绘图间里我的同事：张、吴、波、鲍、修费尔、张。”

“在绘图间右边的角落，你可以看到我的书桌。”

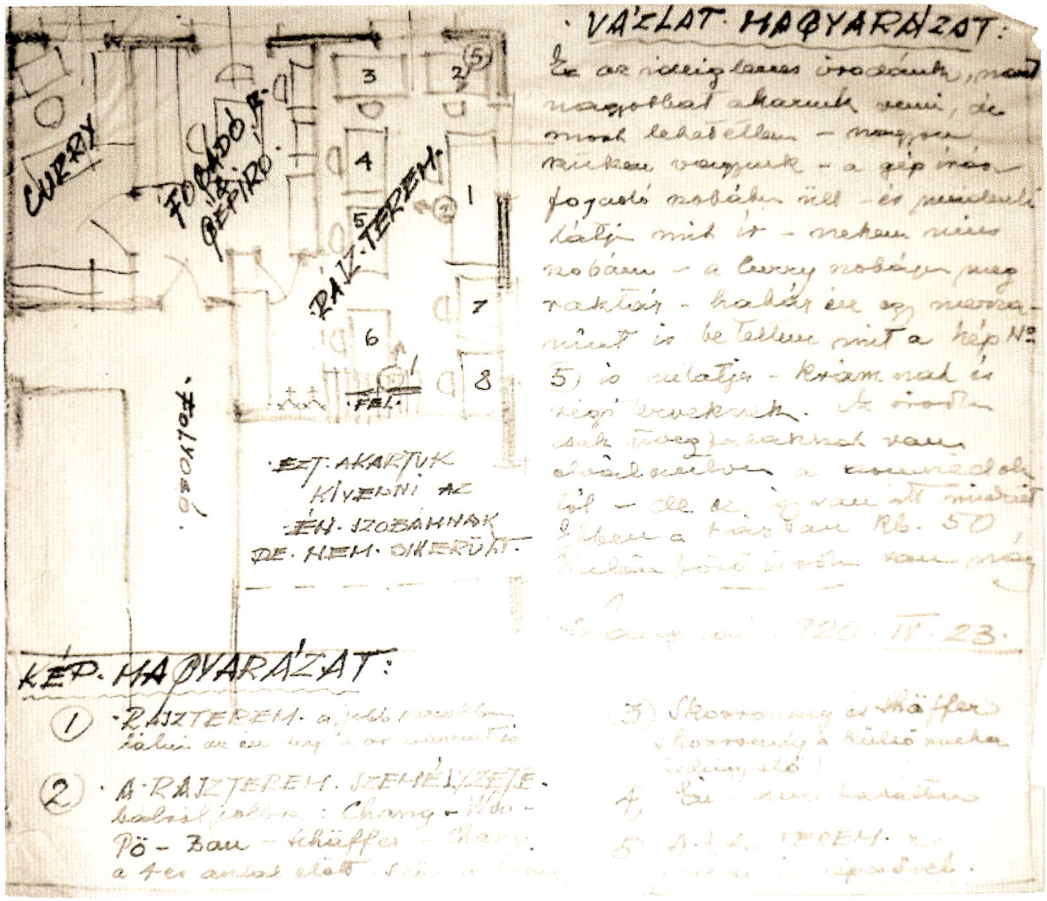

邬达克描绘在赫德路上房间的家书

“什科维斯基和修费尔（什是工地监工）。”

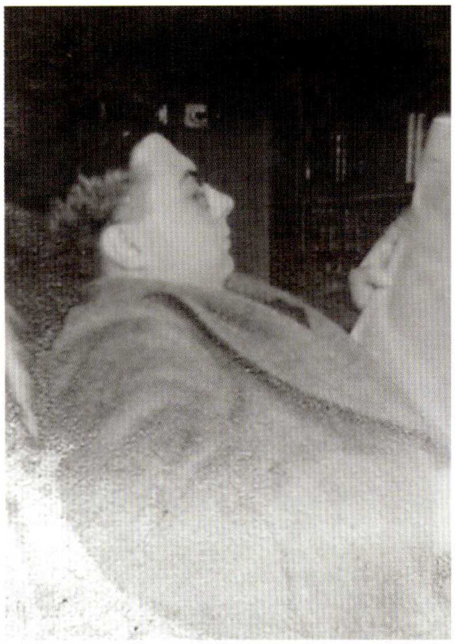

“我穿着睡衣。”

“楼梯前的绘图间。”

邬达克学生时代游历欧洲的手绘稿

1919年至1920年，邬达克在克利洋行设计了巨籁达路万国储蓄会22栋住宅（今巨鹿路852弄1-8号、10号、868-892号），这是他在上海建成的第一个项目，现已被评为上海市优秀历史建筑

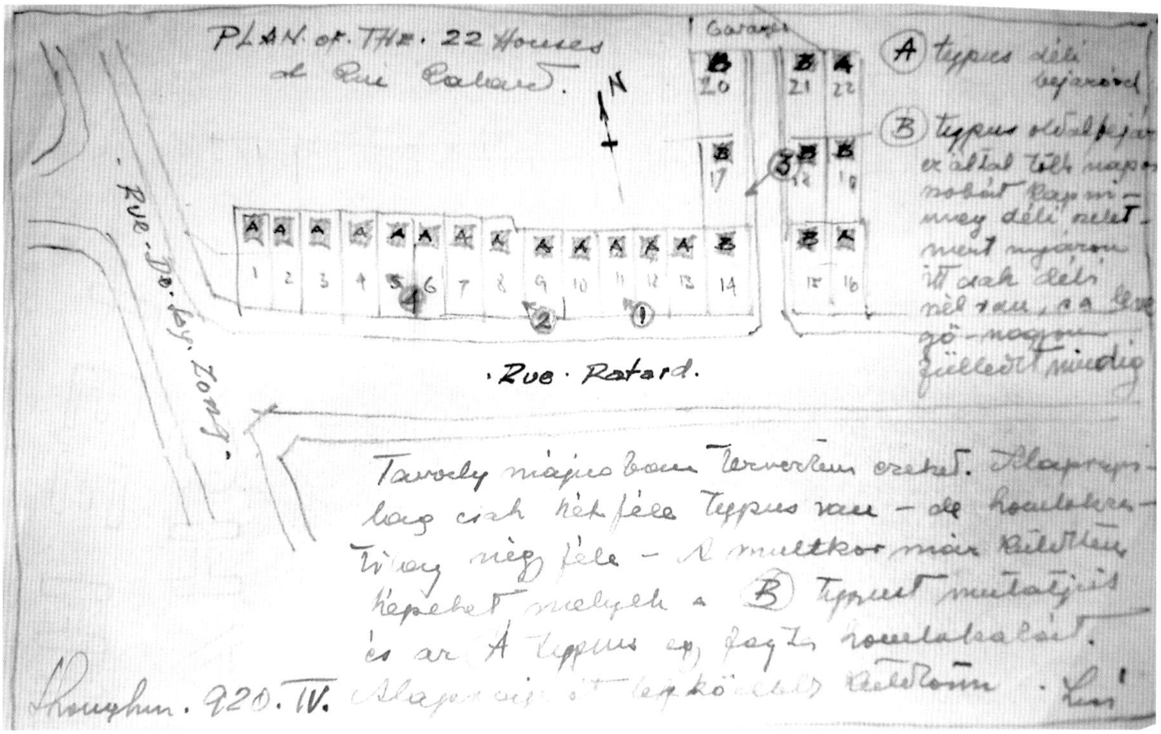

邬达克在家书中所绘的巨籁达路 22 栋住宅的地形图

1.2 哥伦比亚住宅圈的外国人圈子

哥伦比亚路旧居里的那张绘图桌，后来去了摩纳哥邬达克的长子马丁（Martin Hudec）的旅居之处；而那扇镶板门，最终来到了邬达克的次子西奥多（Theodore Hudec）的家。在加拿大维多利亚市郊，西奥多亲手建造了一幢与哥伦比亚路旧居有着同样风格的乡村别墅。他将门依然安在了底层的客厅里，作为回忆父亲和自己童年旧居的物证。

时光荏苒，2010年夏天，西奥多与同样已是年过耄耋的妹妹阿莱莎（Alessa De Wet），时隔63年后回到上海，重访旧居。当时旧居已经空置数年，屋子四周杂草丛生。他们曾经嬉戏的大花园，成了一所旅游职业学校的校址，曾经兀立在西区平野的别墅，也早已淹没在长宁林立的高楼之中。

当年的哥伦比亚路别墅周边是什么样子的？当年邬达克一家在哥伦比亚路的生活又是什么样子的？他们的邻居是谁？邬达克为何选了这里作为“家”？

关于哥伦比亚路旧居建造之初这一街区的周边土地和街道的面貌，我们现在可以找到的是1929年夏天的一张淡彩鸟瞰图，这幅鸟瞰图出自于哥伦比亚住宅圈（Columbia Circle，即今天的新华路历史风貌保护区的核心范围）当年售楼协议手册上的一幅宣传画。

画面的视角是从哥伦比亚住宅圈南端往北望。画面中横向的道路是安和寺路（Avenue Amherest，今新华路），纵向的是哥伦比亚路。新华路的北侧，一条树木丛生的地带是当年穿过法华镇的法华浜。那些沿河白墙黛瓦的本地民居显然在画者的笔下被有意地隐退成了绿带，彰显出来的是画面中精确描绘的法华浜南侧的哥伦比亚住宅圈以及其北侧的1923年由美国建筑师埃利奥特·哈沙德（Elliott Hazzard）设计的美国乡村总会（Columbia Country Club，今延安西路1262号）。除此之外，星罗棋布的红瓦洋楼掩映在画面的右上角，延伸至远处的地平线，一派西方田园城市的风光。

画面的左下角放了一张该区域的平面图，红色的圆圈包括了哥伦比亚住宅圈以及美国乡村总会。从平面上来看，哥伦比亚住宅圈

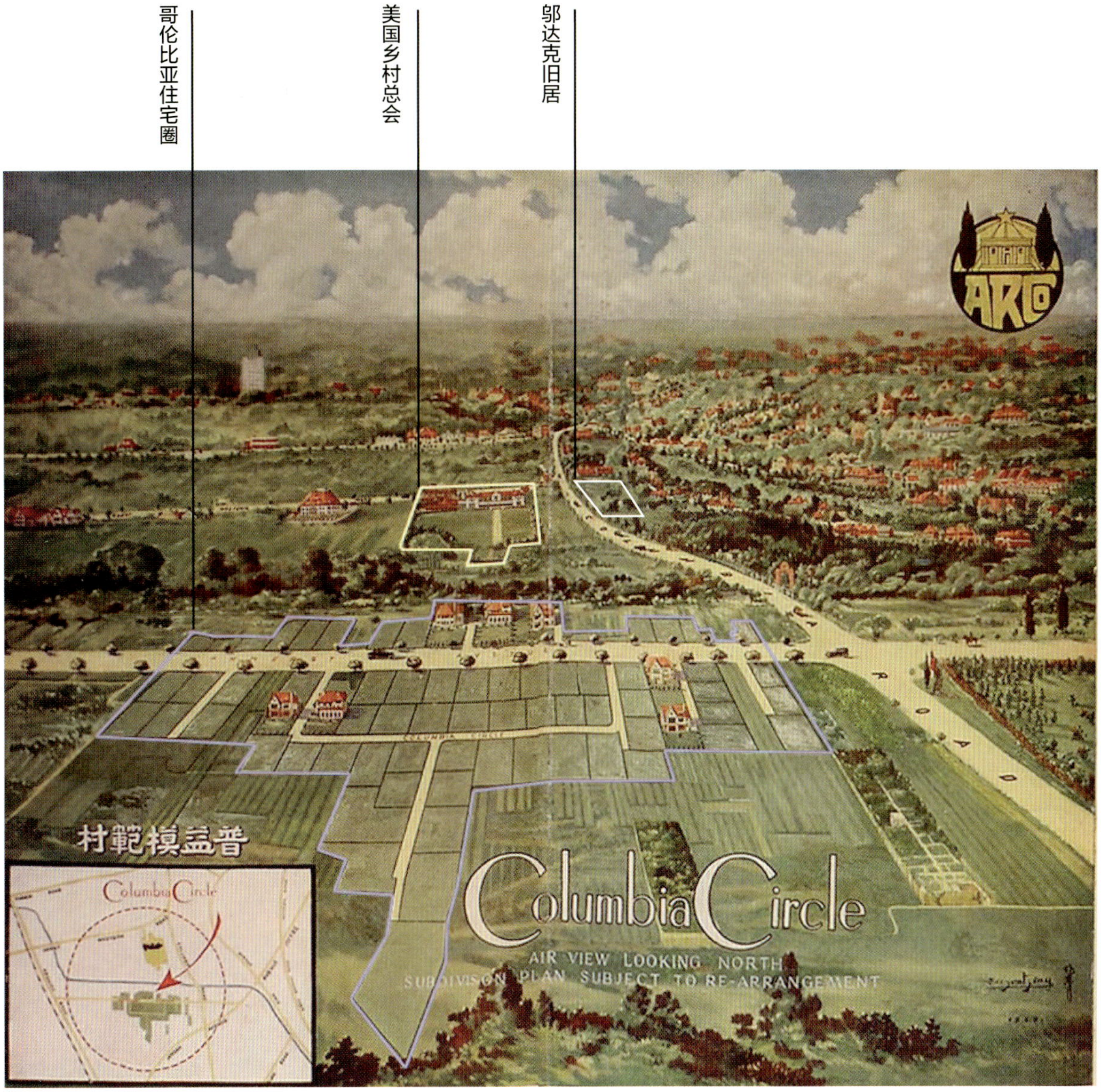

普益地产公司哥伦比亚住宅圈售楼协议手册上的鸟瞰图

并不是一个圆形的住宅区，它的名字更像是一种意会——如果哥伦比亚指的是美国；圈，就更像是圈子的意思——美国人开发的住宅区加上美国人办的俱乐部的一个交际圈子。哥伦比亚住宅圈将美国式的乡村生活模式植入了上海的西区。查阅 1928 年至 1932 年间的《中国商业行名录》（*China Hong List*）记载，搬入哥伦比亚住宅圈的居民多数为上海政界、商界的各国侨民。在 1928 年至 1932 年间，这一地区从一个阡陌交通、市镇沿河发展的江南水乡逐渐转化为公共租界侨民居住的后花园。邬达克在这一街区的形成中扮演了重要的角色：整个住宅圈的设计师正是邬达克本人。

或许是凭借在哥伦比亚住宅圈项目中所建立的关系，邬达克在哥伦比亚路美国乡村总会的边上购得了一块十多亩的土地兴建自己的住宅。最初拟定的是一座带大花园的类西班牙风格的住宅。可是，邬达克在同期为美国基督教监理会设计的慕尔堂（1929-1931，Moore Memorial Church，今沐恩堂）项目中遭遇了资金困难，幸亏时任国民政府行政院院长、国立交通大学校长的孙科（孙中山之子）出面斡旋，才化解了危机。邬达克遂把未及入住的自宅低价转让给了孙科还了人情。1930 年夏，度过危机的邬达克在马路对面重新购地，设计并建造了今天我们所看到的英国乡村风格的自宅。

邬达克绘制的哥伦比亚住宅圈透视草图

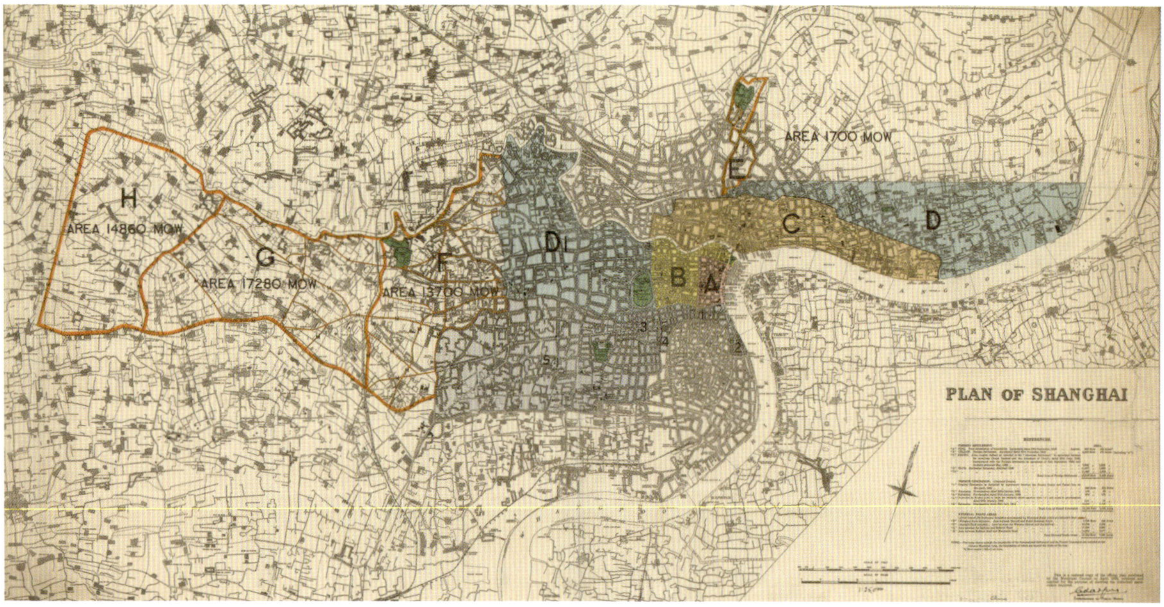

1928 年，上海工部局绘制的规划图中哥伦比亚住宅圈所在的越界筑路区已拟划为租界未来的扩张区域

普益地产公司关于哥伦比亚住宅圈的宣传册页

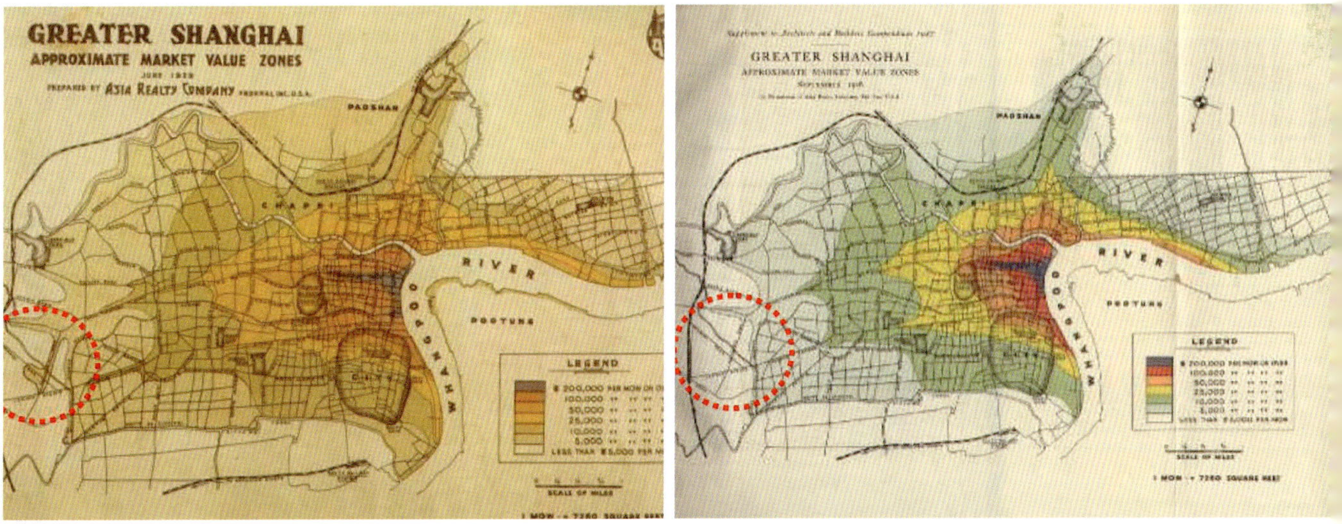

普益地产公司所制的上海土地价值评估图（左为 1926 年，右为 1929 年），
可以看到哥伦比亚住宅圈所在的区域在这三年间土地价值有了提升

法华镇与哥伦比亚住宅圈

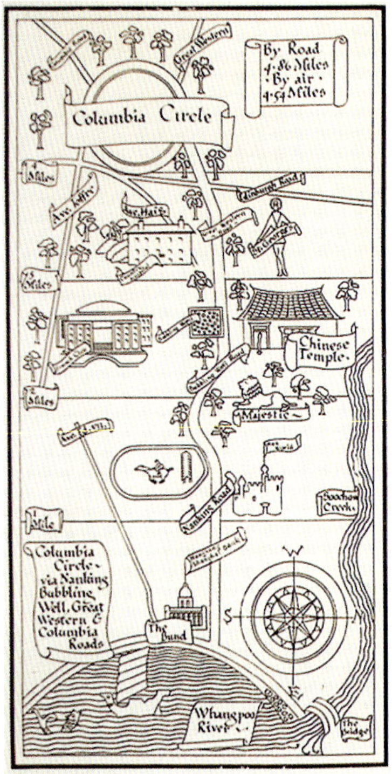

普益地产公司关于哥伦比亚住宅圈的插图

1920年代末的哥伦比亚住宅圈其实属于法租界西侧的上海特别市政府下辖的法华区。法华区因法华镇而得名。法华镇曾经是明清沪西重镇，市街沿着李漎泾（又名法华浜）发展，绵延三里。大抵在今天法华镇路的位置上。由于经济重心的转移，当年的法华镇已经很是萧条，法华浜也从当年连接苏州河与蒲汇塘的要道逐渐沦为一条明渠。

在1920年代，公共租界的势力又不断地向这一区域渗透，在工部局1928年的城市测绘图上，把公共租界西侧南至虹桥路北至苏州河的大片土地全部划在了租界拟扩大范围之中。法华区更是差不多整个被包裹在内。

越界筑路是工部局为了扩大租界地盘而使的惯用手段。1924年至1925年，工部局趁江浙战争爆发，国民政府无暇顾及之时在法华镇的南侧和东侧修筑了安和寺路和哥伦比亚路。

路刚筑完，美国工程师莱文（Frank J. Raven）所拥有的普益地产公司（Asia Realty Co.）即在哥伦比亚路、安和寺路周边购进百余亩土地。三年后，哥伦比亚住宅圈的开发计划推出，土地被细分成70余个美国常见的长方形地块，每个地块的面积一亩至两亩不等，总面积大约7万平方米。同年，普益地产公司雇佣的执行经理——匈牙利人休戈·山多尔（Hugo Sandor）选择同样来自匈牙利的邬达克为建筑师，为哥伦比亚住宅圈设计花园别墅。别墅在1929年至1932年间陆续建成，截止到1930年有21栋别墅以及一栋车库建筑落成。

哥伦比亚住宅圈的销售情况甚佳，据1930年《普益年报》记载：春夏两季，大批买主置购产业，普益地产公司当年的净收益比1929年超165%。比较当年同由普益地产公司绘制的两张地产价值图可以看到，在1926年至1929年之间，哥伦比亚路及安和寺路周边的地价整个被带动了起来。

在1930年4月哥伦比亚住宅圈的别墅建造状况使用图中，我们可以看到邬达克把别墅分为了十种不同的风格：英国式、意大利式、西班牙式、萨克拉门托式、加利福尼亚式、殖民地式、佛罗里达式、圣迭戈式、好莱坞式以及英国乡村式，各种不同的风格唤起了来自于不同国家、不同地区中产阶级侨民们的乡愁和想象。作为英国式及英国乡村式风格的别墅的数量在哥伦比亚住宅圈中占了最大的比例，邬达克甚至将英国乡村式风格再细分成微妙的A、B、C、D四种不同的样式以满足业主的口味。这种源于中世纪哥特风格的一支，在英国哥特复兴运动中复活的风格，在1920年代至1930年代的上海，以至远东的日本都甚为流行。英国乡村式风格的装饰性特征，满足了侨民们对于都市生活之外对于田园情调的渴望，成为当时沪上上流外侨选择住宅式样的首选。

观察这些形形色色的风格的名称，有四种都是直接取自美国加州的地名，而其余诸种异国风格，也是当年美国加州流行的别墅风格。由此可以看出，哥伦比亚住宅圈从地块划分模式，到建筑风格，都直接借鉴了当时美国加州别墅的开发模式。而邬达克对于这些不同风格的别墅的建造显得游刃有余，这一方面是得益于他大学期间扎实的对于各种建筑风格设计的功底，另一方面也是他广泛地在欧美实地考察最新建筑潮流的结果。1929 年 2 月至 5 月间，邬达克赴美旅行，从纽约一直到旧金山，相信不会错过观摩西海岸的别墅。

哥伦比亚住宅圈建成初期旧影

哥伦比亚住宅圈建造情况旧影

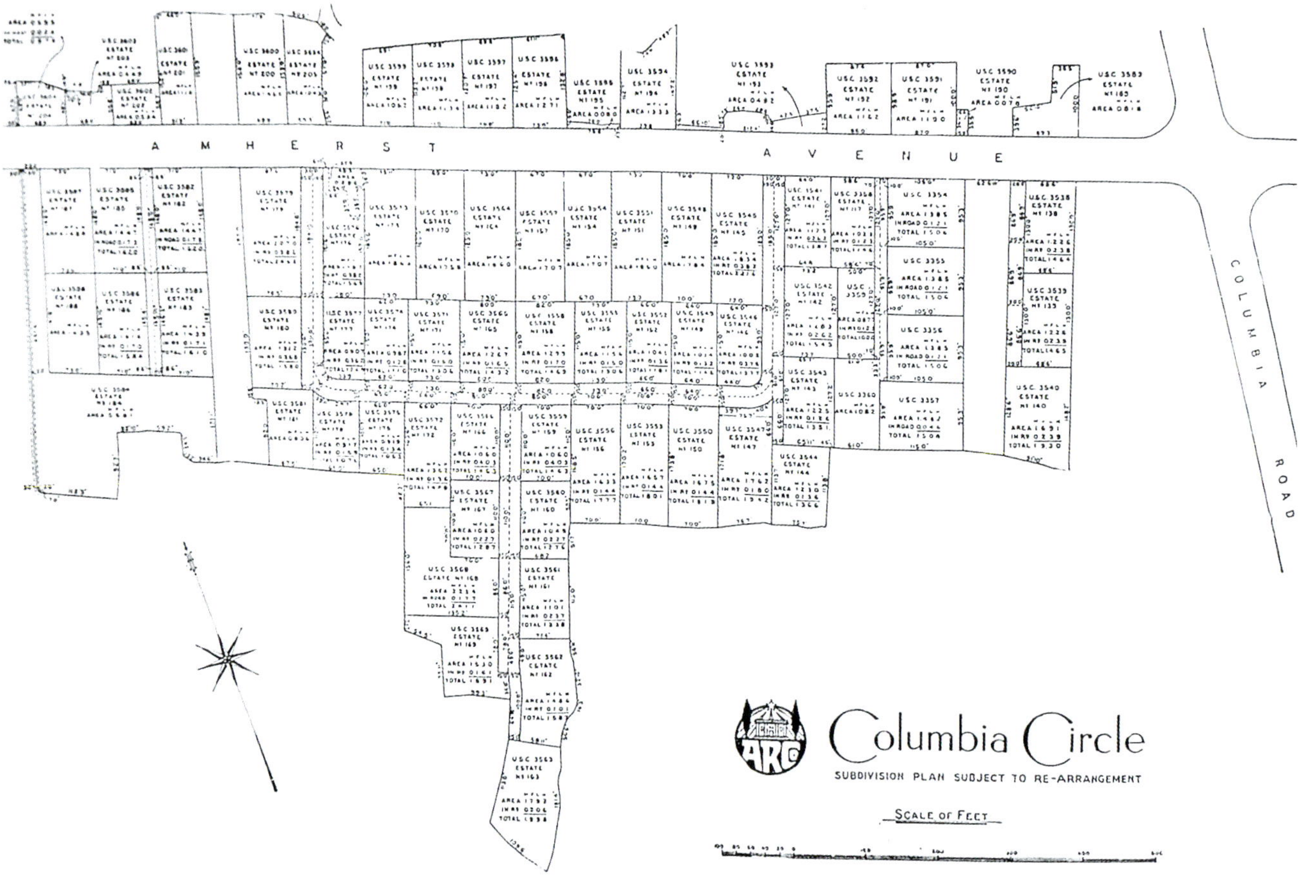

普益地产公司哥伦比亚住宅圈宣传手册上的地块图

普益地产公司哥伦比亚住宅圈宣传手册上的插图。从别墅外型到室内装饰，哥伦比亚住宅圈的设计师邬达克为每个客户专门定制。这一住宅圈所营销的是一套当时西方中产阶级的生活方式

西班牙风格（今新华路 272 弄 6 号）

1947 年的哥伦比亚住宅圈地块，见《上海市行号路图录》。
红色部分为普益地产公司宣传手册上地块图中的别墅；
黄色部分为地块图之外的别墅；
蓝色部分为车库

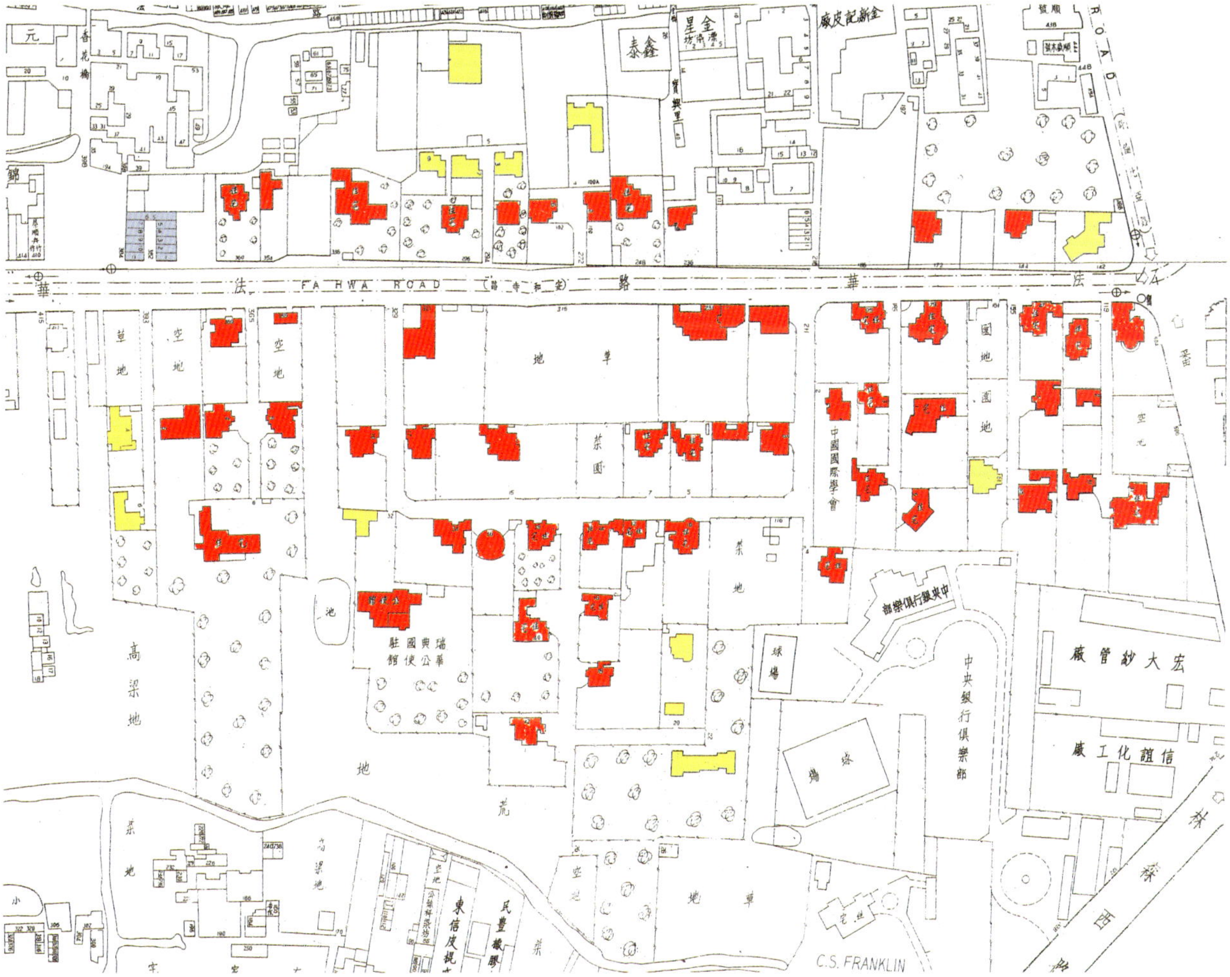

意大利风格（今新华路 329 弄 17 号）

意大利风格（今新华路 272 弄 2 号）

1.3 建筑师邬达克在上海的四个家

邬达克在上海的家可考的有四处。这四个家，也分别记录了邬达克在上海的人生轨迹：从立稳脚跟，到成家立业，再到 1930 年代的事业巅峰的过程。

1918 年，邬达克从西伯利亚运送战俘的火车上逃跑，辗转来到哈尔滨。在一个神父指点下，邬达克来到上海这片热土。凭借着他在大学所学的扎实的建筑学基础，邬达克找到了一份在美国建筑洋行当绘图员的工作。他的第一个家安在赫德路（Hart Road，今常德路）13 号，是一套简单的一居室。

之后的三四年，邬达克在上海设计完成了美丰银行（今河南中路 521–529 号）、何东住宅（今陕西北路 457 号）以及中西女塾（今上海市第三女子中学）。1922 年 6 月，邬达克结婚，妻子吉塞拉·迈耶（Giselle Meyer）是一位侨居上海的德国信义宗（路德教派）教徒的女儿。婚后邬达克在他岳父的赞助下，立即着手位于吕西纳路（Lucerne Road，今利西路）17 号新家的营造。他们的新房离同年落成的中西女塾不远。这座融合了欧洲中部和地中海沿岸建筑风格的别墅成了邬达克在上海的第二个家。其中家具皆为邬达克所设计。在居住于这栋别墅的 8 年中，邬达克的长子、次子和幼女相继出世，他的事业也蒸蒸日上，完成了诺曼底公寓（今武康大楼）、美国总会（今福州路 209 号，原上海市高级人民法院大楼）等一系列重要作品。

1924 年 12 月 1 日，31 岁的邬达克在外滩（The Bund，今中山东一路）24 号横滨正金银行大楼（1956 年改名为纺织大楼，现为中国工商银行上海市分行大楼）内拥有了自己的建筑设计事务所——邬达克打样行。开办经费来自其父亲捷尔吉·胡杰茨的部分遗产、从亲戚处的借款等，其中最大的一笔来自其岳父的 5 年期、7 万银元的借款。之后的作品，诸如宏恩医院（今华东医院 1 号楼）、宝隆医院（今已拆）、西门妇孺医院（今红房子医院）、爱司公寓（今瑞金大楼）、四行储蓄会联合大楼（今联合大楼）、浙江大戏院（今浙江电影院），跨越了医院、戏院、办公楼、公寓、花园住宅、教堂等诸多类型。

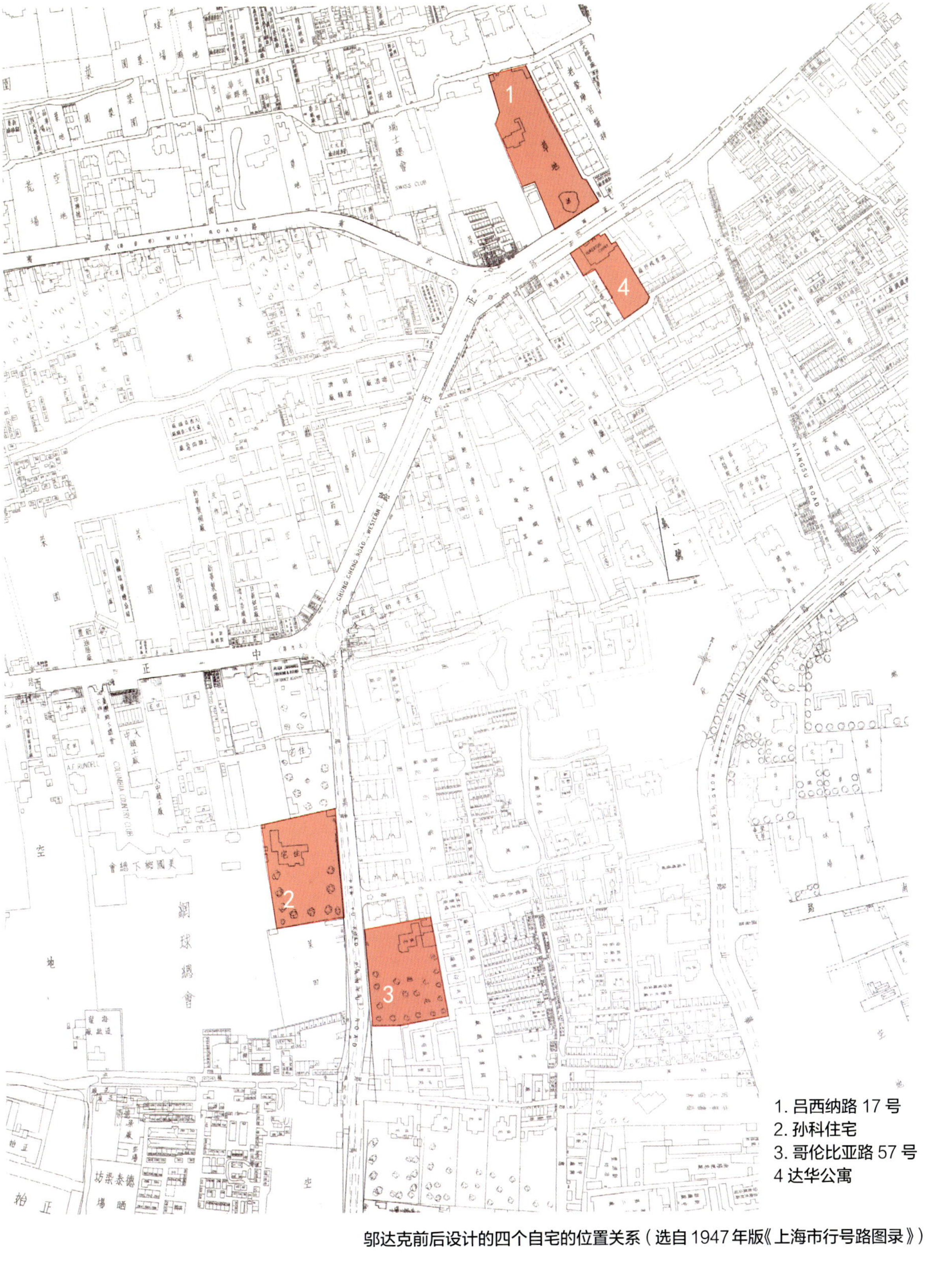

邬达克前后设计的四个自宅的位置关系（选自 1947 年版《上海市行号路图录》）

1930年，邬达克还清了来自岳父的借款，并在哥伦比亚路择地兴建新居。这个带有英国乡村风格的住宅，是邬达克在上海曾经拥有的最大的一个家。

当时37岁的邬达克，已从12年前刚来上海时的绘图员变身为当时最炙手可热的外国建筑师。除了着手建造自己的新居外，他同时还接手其他若干大项目：跑马厅东面的慕尔堂，浙江路的大戏院正在施工，外滩圆明园路上的浸信会大楼（今真光大楼）、广学会大楼（今广学大楼，虎丘路128号）正在设计之中。是年，邬达克的建筑事务所拥有30名雇员，其中一半是中国人，俨然已经是个成熟的中等规模的建筑洋行。1932年，邬达克打样行迁至他自己设计的圆明园路209号浸信会大楼顶层806室。

1935年，同样在岳父的资助下，邬达克在美国领事馆注册了自己的开发公司——达华地产公司（Hubertus Properties Fed. Inc），开始了同样位于越界筑路西区的达华公寓的建造。两年后，抗日战争爆发，邬达克将他的两个儿子送去加拿大维多利亚的军事学校读高中。这时的哥伦比亚旧居对于一家三口来说过于宽敞，于是在1938年邬达克把哥伦比亚路的旧居租给了德国驻沪领事费希尔博士（Doctor Fischer，据《邬达克女儿访谈纪要（2013年1月10日）》；另据《上海外事志》记载，1937年就任的德国驻上海总领事为M·Fischer），携妻女搬入刚刚落成的达华公寓底层。达华公寓成了邬达克在上海的最后一个家。这一段战火纷飞的岁月里，邬达克并没有留下什么建筑作品。

除了第一个赫德路的家，邬达克的后三个家都安在大西路（Great Western Road，今延安西路）附近，也就是当年公共租界西区外的越界筑路范围内（今天的长宁区），互相离得很近。想象一下若是当年站在达华公寓的屋顶，哥伦比亚路旧居以及吕西纳路旧居皆能尽收眼底。邬达克对于此区的偏爱可见一斑。

圆明园路邬达克打样行的制图室

1922 年 6 月 1 日，邬达克与吉塞拉 · 迈耶结婚

邬达克妻子吉塞拉 · 邬达克

赫德路13号——第一个家

初来乍到的邬达克在寄给家中的一封信中这样说道："我的房间的净高是2.25米。这里卫生间是公用的，在冬天我每两天洗一次澡，在夏天天气炎热，每天洗两次。"（1919年2月12日）

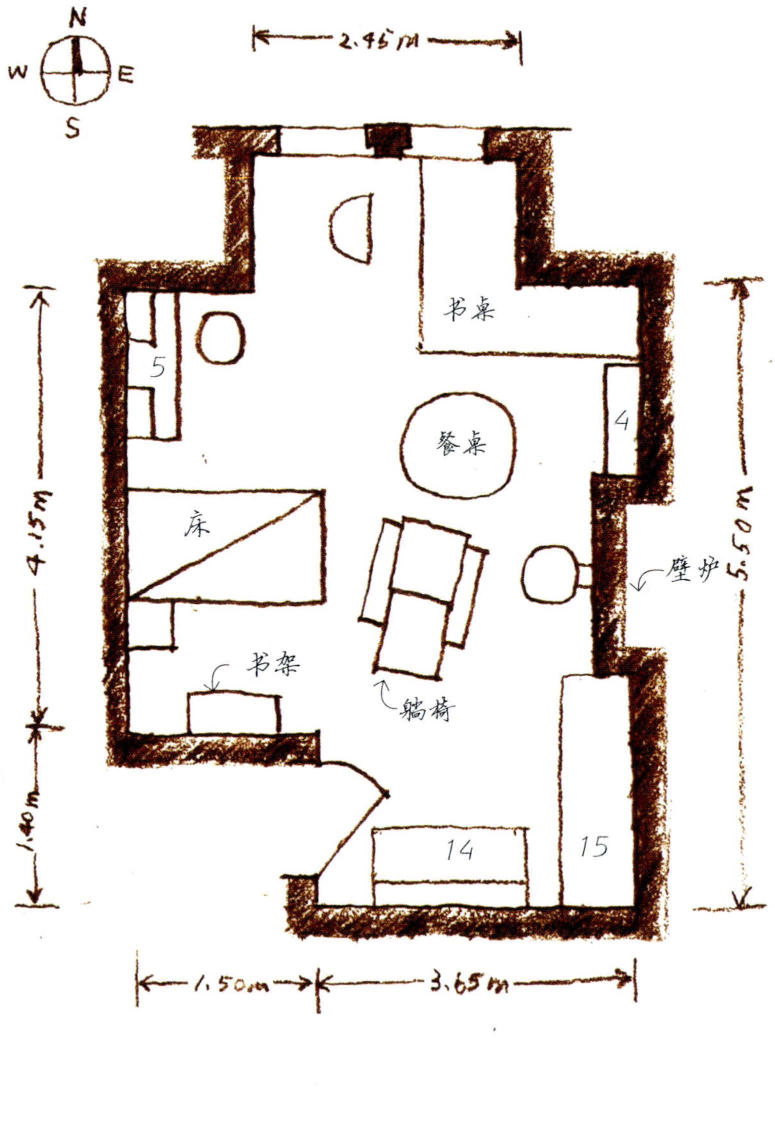

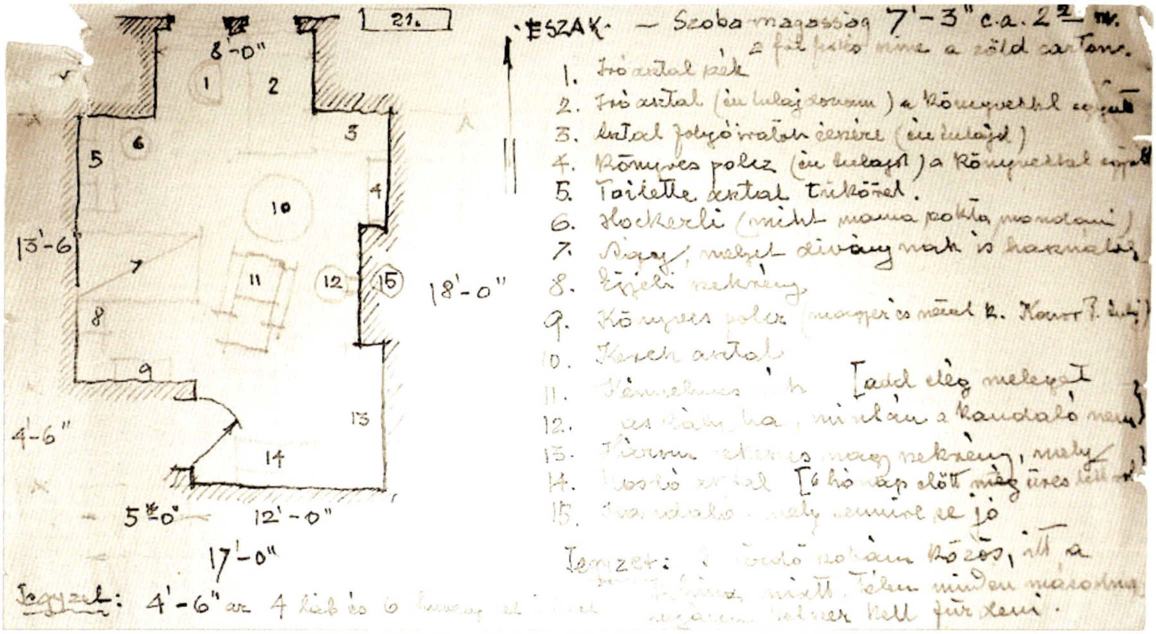

邬达克描绘克利洋行的家书

初来乍到的邬达克在上海赫德路租住的房子十分逼仄。在1919年至1920年间写给家人的信中，他附上了当时房间的手绘平面以及室内照片，这使我们得以一窥邬达克的生活状态。那是一个20多平方米的朝北房间，层高只有2.25米。室内布置十分紧凑，起居、饮食、工作都在一个空间里，卫生间则是公用的。房间的中部有一个带装饰的壁炉，壁炉上方的墙面挂着不少镜框照片。壁炉对面则是床和书架，书架里的书已是密密麻麻。房间北侧向外突出一米有余，窗口右侧有着一张契合房间平面的L型的书桌以及一只圈椅。

吕西纳路 17 号——第二个家

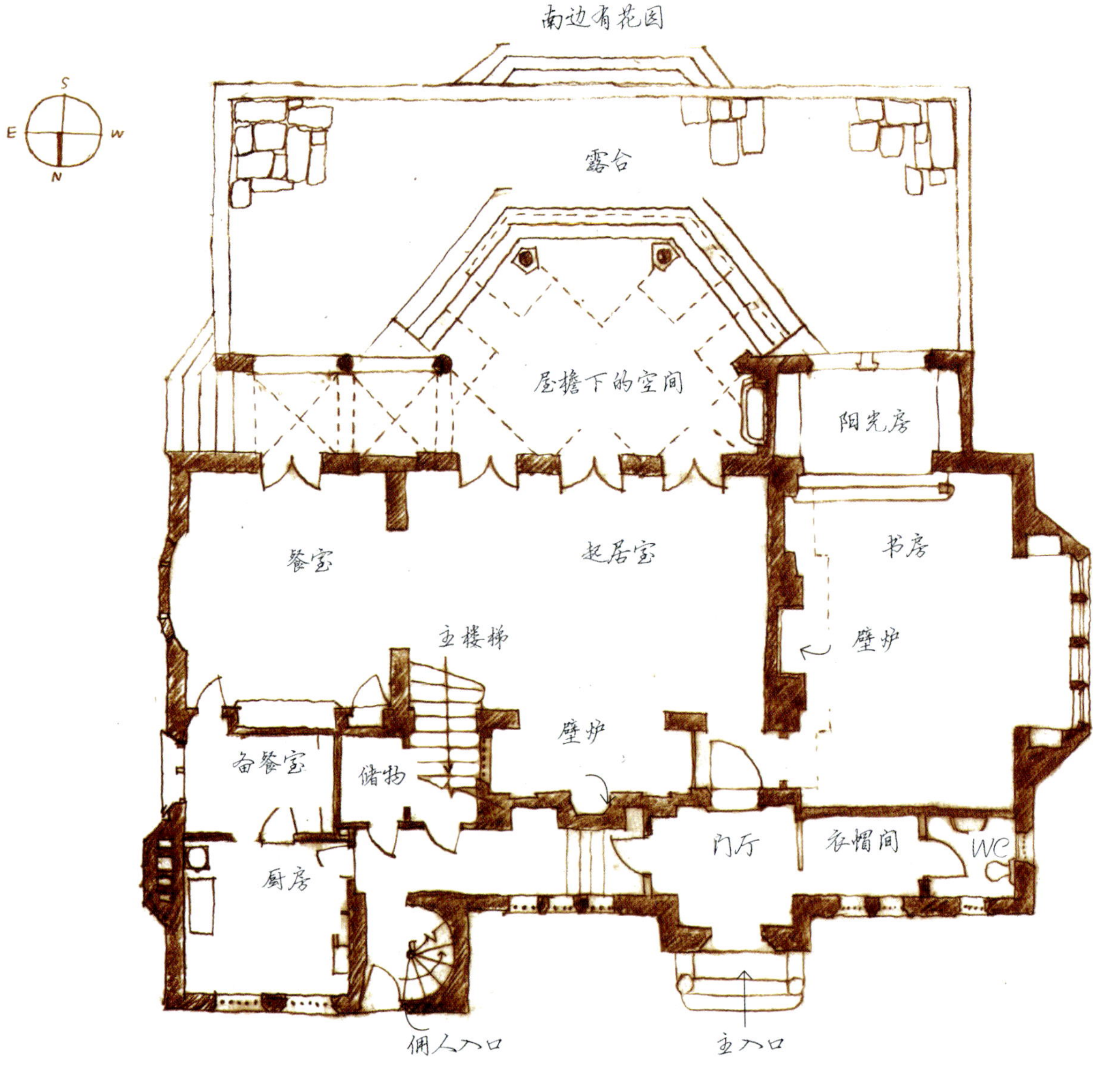

吕西纳路 17 号底层平面图

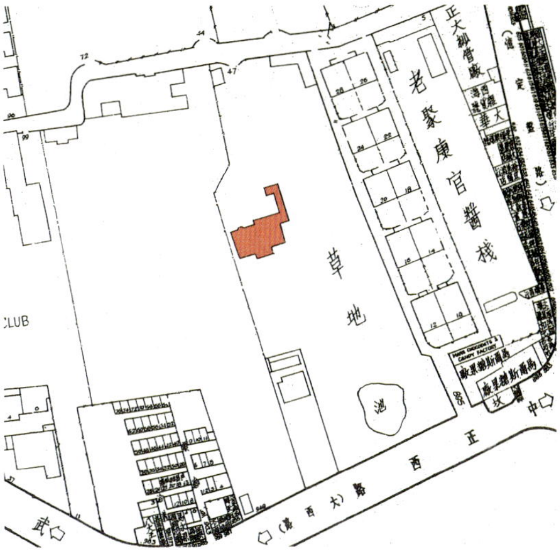

吕西纳路 17 号在 1947 年版《上海市行号路图录》中的位置

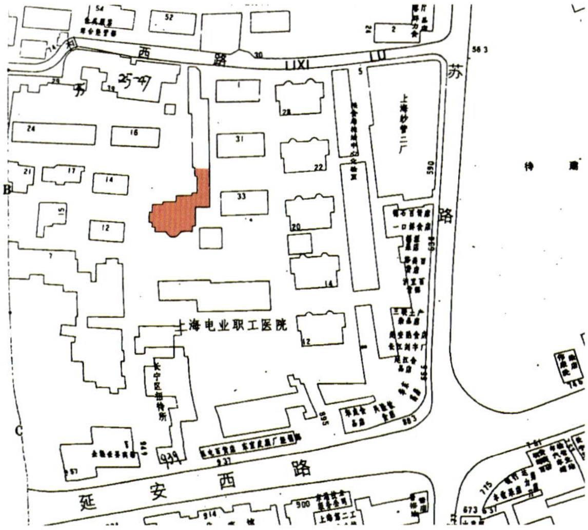

吕西纳路 17 号在上海翻译出版公司 1989 年出版的《上海市商用地图册（地图卷）》中的位置

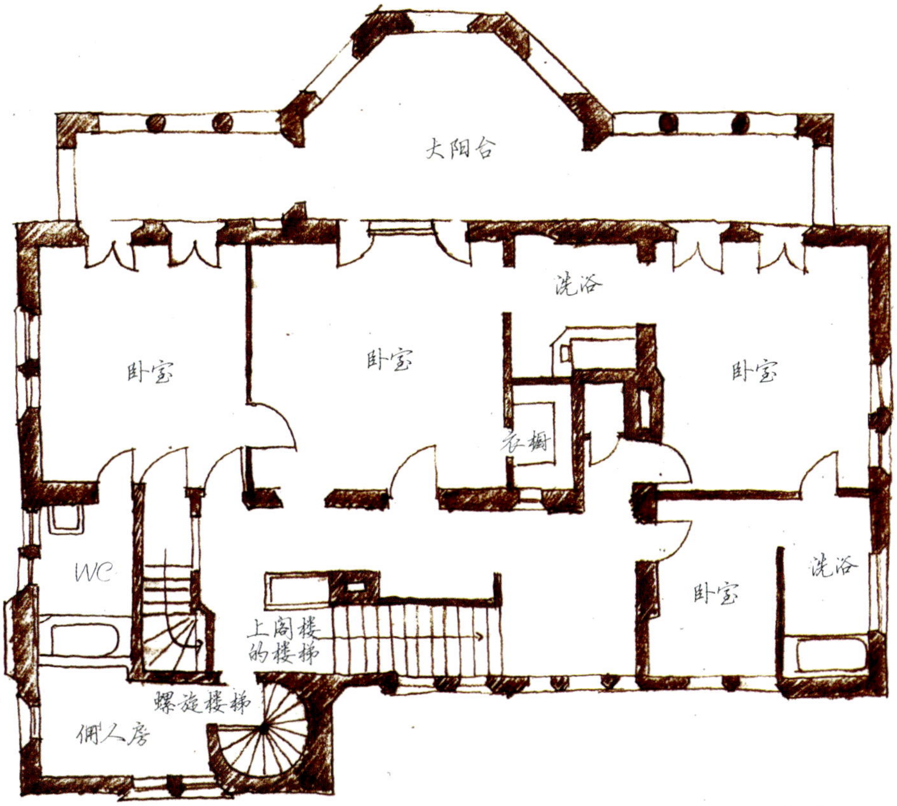

吕西纳路 17 号二层平面图

邬达克在上海的第二个家，即他设计的第一个自宅，已湮灭在上海城市建设的浪潮之中。据徐林林先生考证，吕西纳路17号自宅在1999年左右被拆除。它的确切位置是在今天延安西路937号上海电力医院的21层综合医疗大楼北面、2号楼以南，西面围墙至红色一层小平房之间的这块空地。有兴趣的读者可以拿着1947年版《上海市行号路图录》中当年吕西纳路17号的宅基地的地形图，与今天的上海电力医院加上利西路47弄（1–33号）的范围作一对比。虽然宅基地已经被分割、合并，但现在的城市形态仍然依稀反映了之前的宅基地划分的边界。有趣的是，当年的宅基地图上所注的地块所有人是Mrs.Hudec，也即邬达克的新婚妻子吉塞拉·迈耶。

邬达克一家选择这块地的时候，他们的邻居、上海永安公司的创办人之一的郭标已在西边建成了德国式风格的“利西路大房子”（今延安西路949弄25–47号，第四批上海市优秀历史建筑）。邬达克在一墙之隔的东侧，规划并建造了自宅。

邬达克在这个占地5.5亩的宅基地中规划了主楼和副楼两栋建筑，各自成L角。由于地块沿利西路的街面非常狭窄，邬达克在吕西纳路沿街设置了一条小道，南侧靠近主楼的位置设置了回车道，中间则为椭圆形的花坛。主楼正对着南面长方形花园。

此住宅外观最有特色的地方在于主楼的南立面。底层的东侧和南侧设置了连续拱形柱廊，正间部分则向外突出，延伸至二层并形成一个八边形的尖顶“塔楼”，二层的两侧则为露天的敞廊。塔楼的屋面中部收了一道浅浅的檐口，类似重檐。在一张塔楼的手绘图上，塔楼攒尖屋顶的重檐处绘有数个老虎窗，可能因为这个屋顶内部面积太小，利用价值不大，它们并没有出现在建成的建筑中。住宅的其余三个立面，包括副楼，则有着陡峭的屋面、直棂窗以及高耸的烟囱，与8年后的哥伦比亚路自宅颇有几分相似，但体积上显得更加敦实。

吕西纳路17号主楼南立面旧影；主楼西面（左侧）的一座建筑为永安公司创办人之一郭标的德国式住宅“利西路大房子”的山墙，现延安西路949弄25–47号

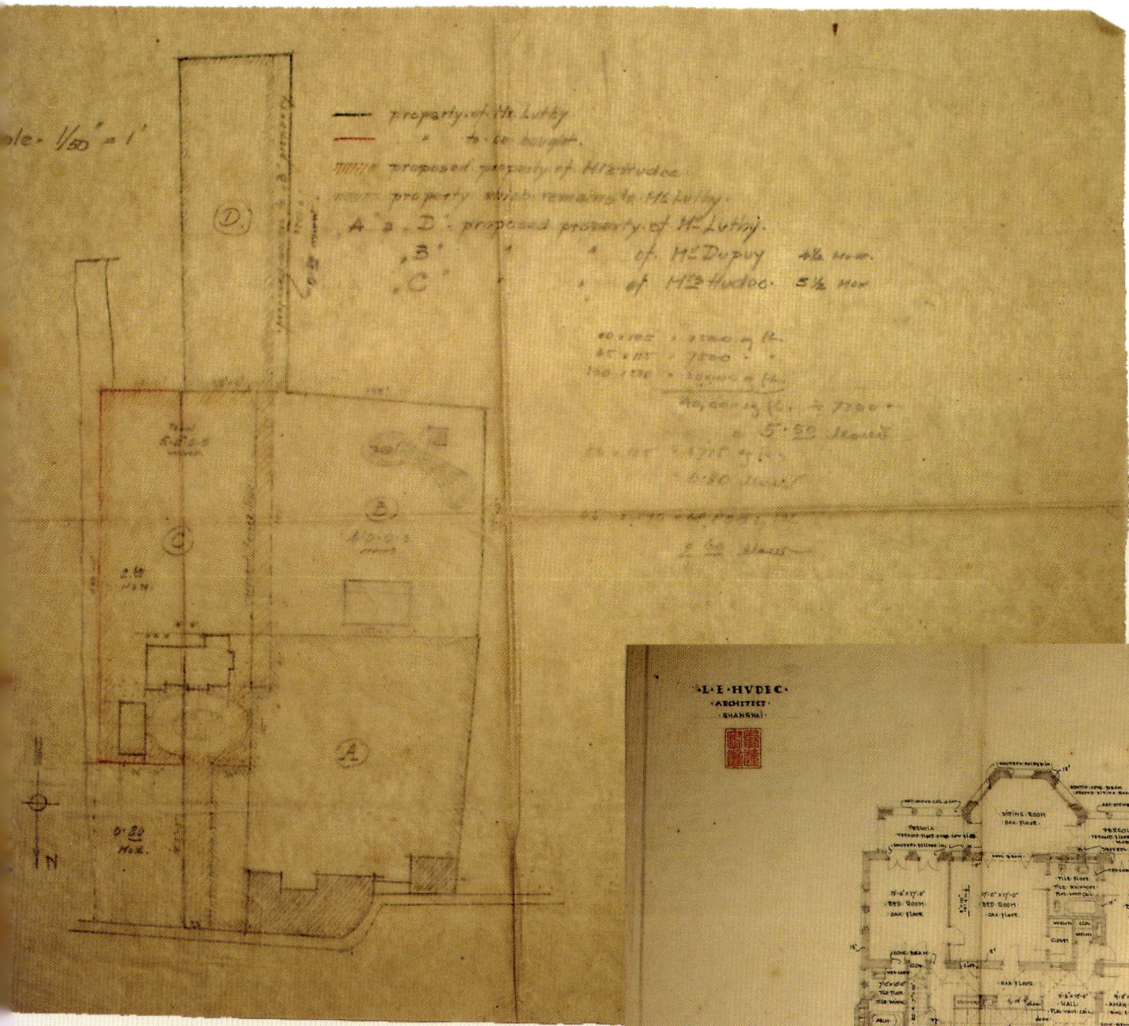

吕西纳路 17 号地形图

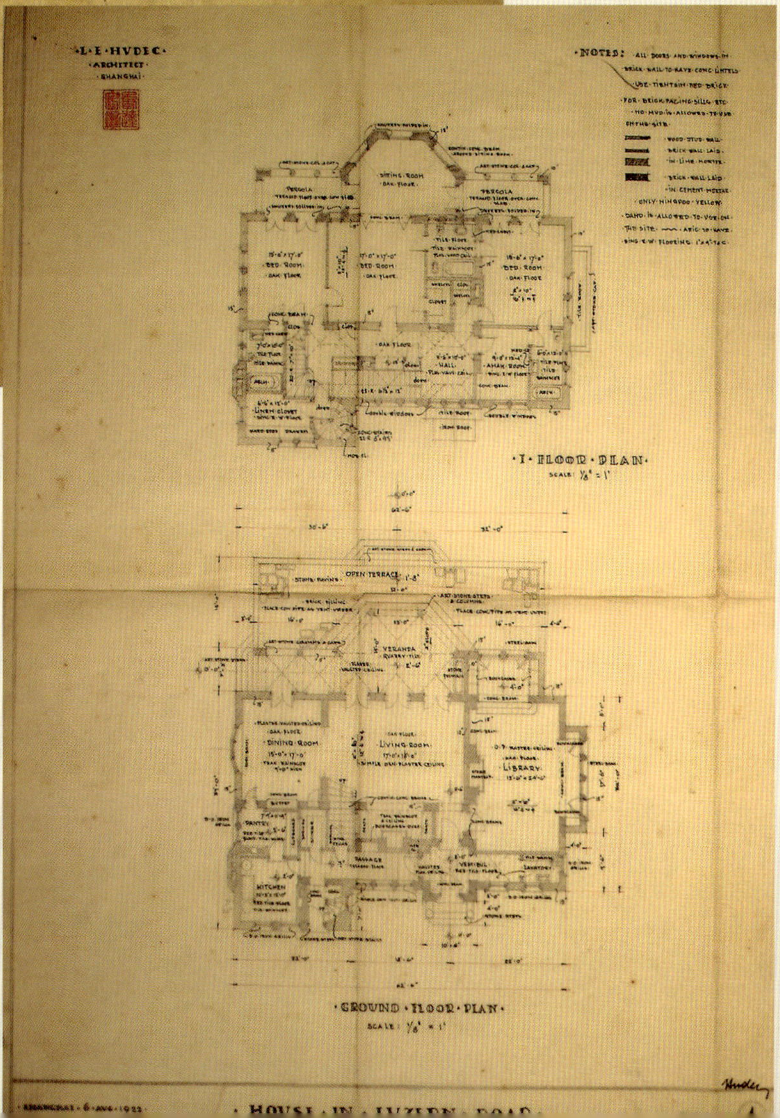

吕西纳路 17 号平面图

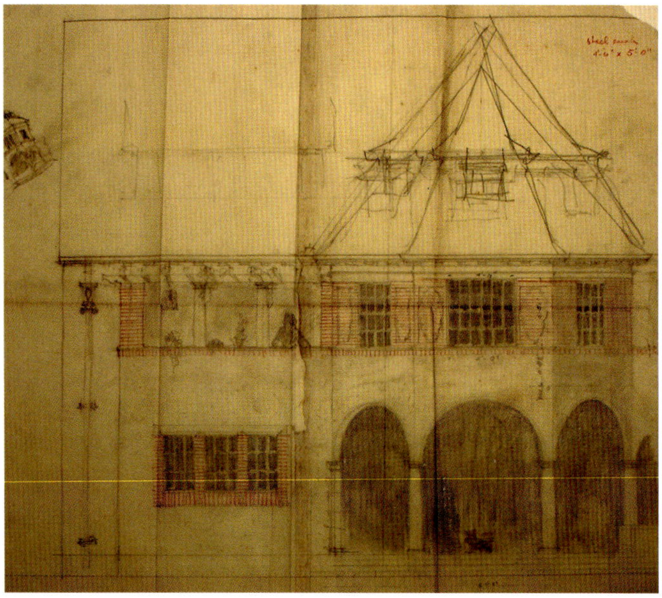

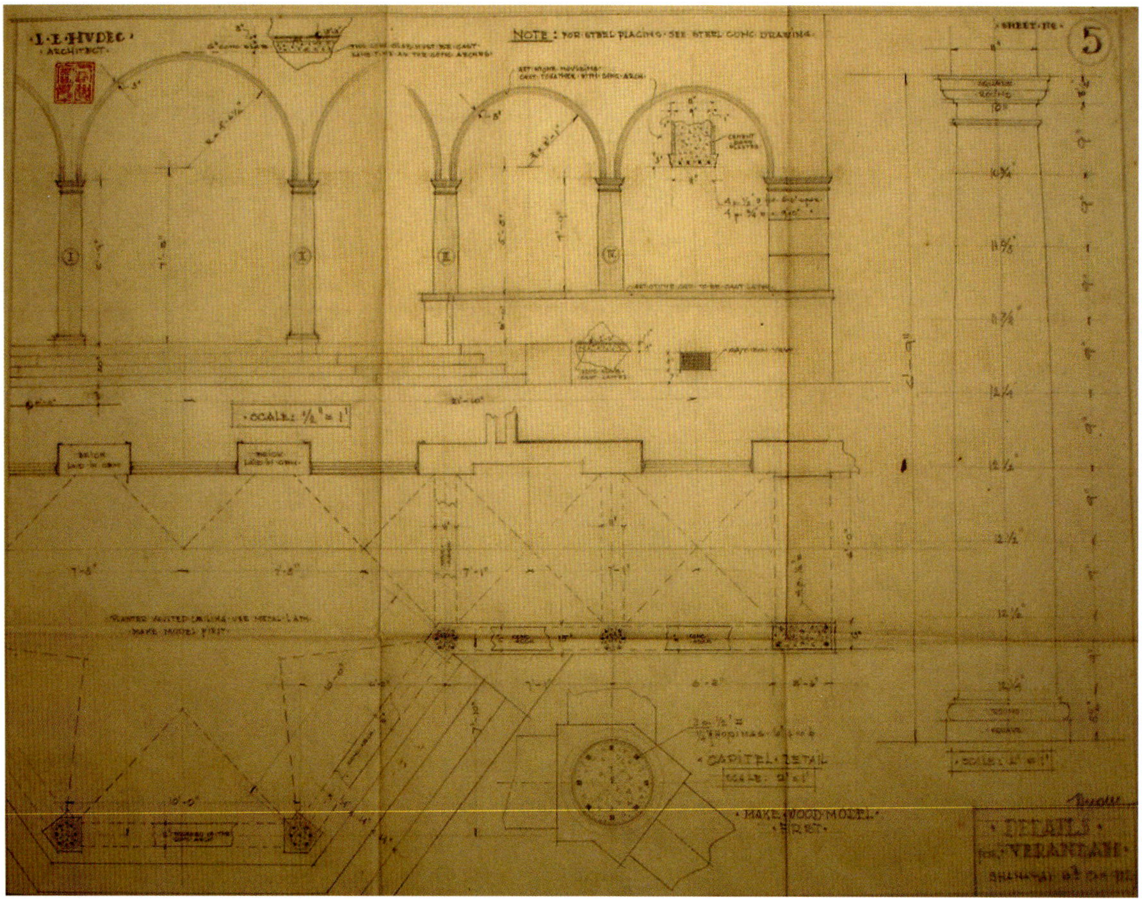

吕西纳路 17 号南立面相关图纸

吕西纳路 17 号室外旧影

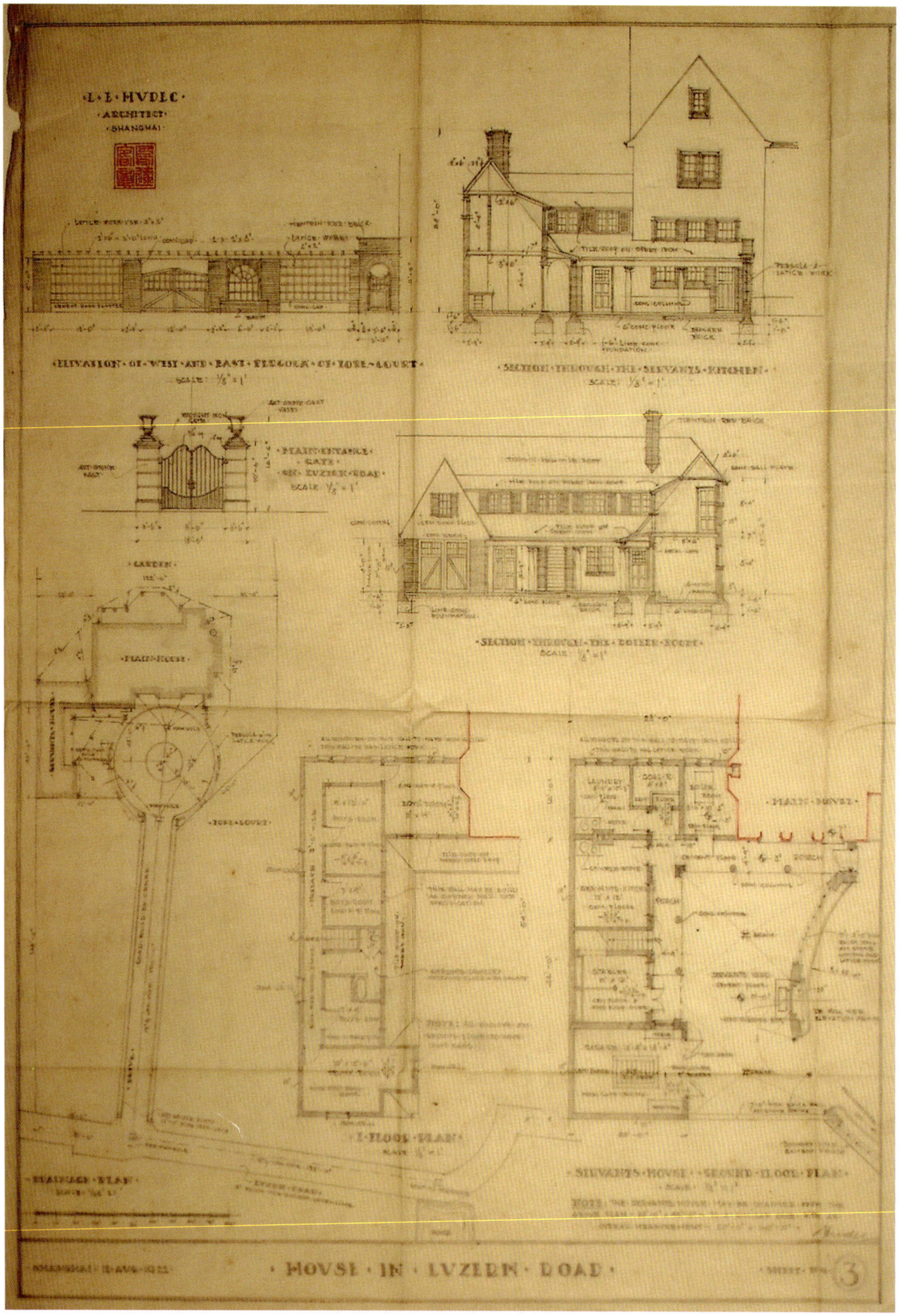

吕西纳路 17 号副楼图纸

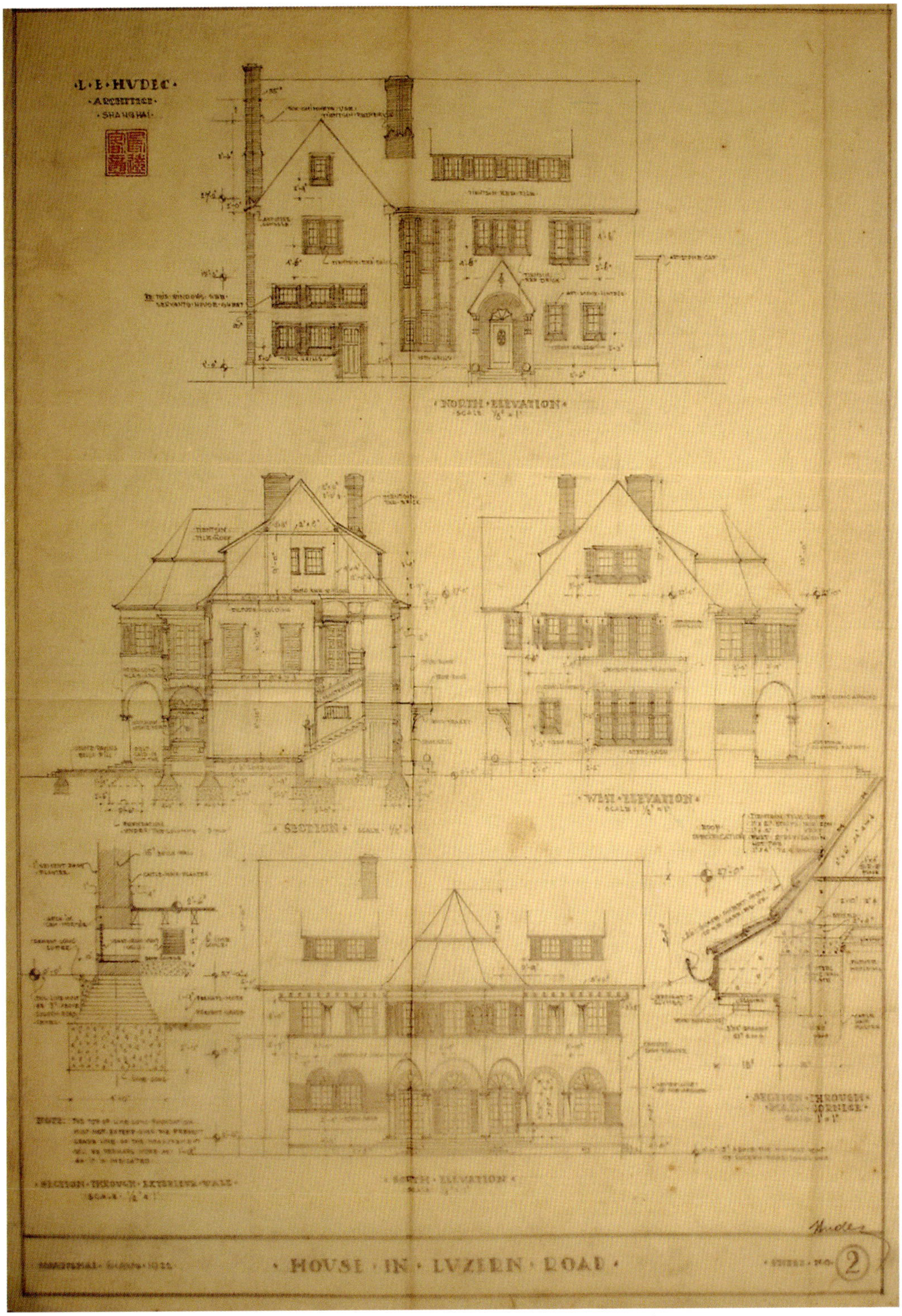

吕西纳路 17 号主楼立面图纸

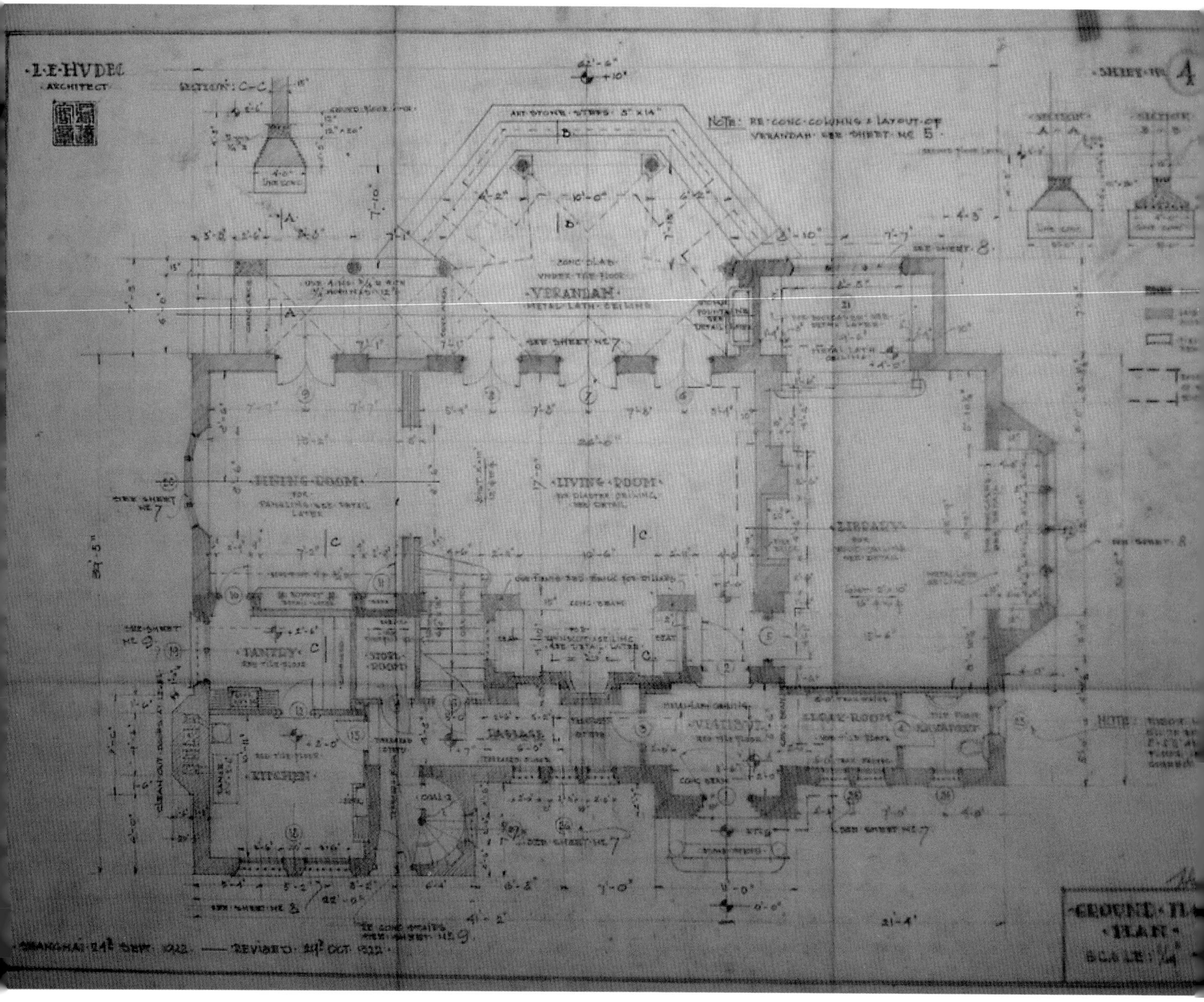

吕西纳路 17 号主楼底层平面图

吕西纳路 17 号主楼起居室旧影

吕西纳路 17 号书房及邬达克设计的绘图桌旧影

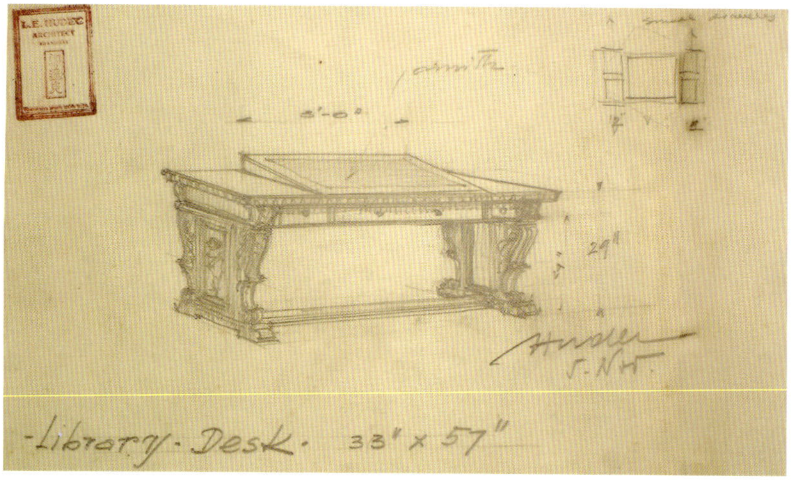

邬达克的绘图桌设计手稿

吕西纳路 17 号主楼室内及邬达克设计的椅子旧影

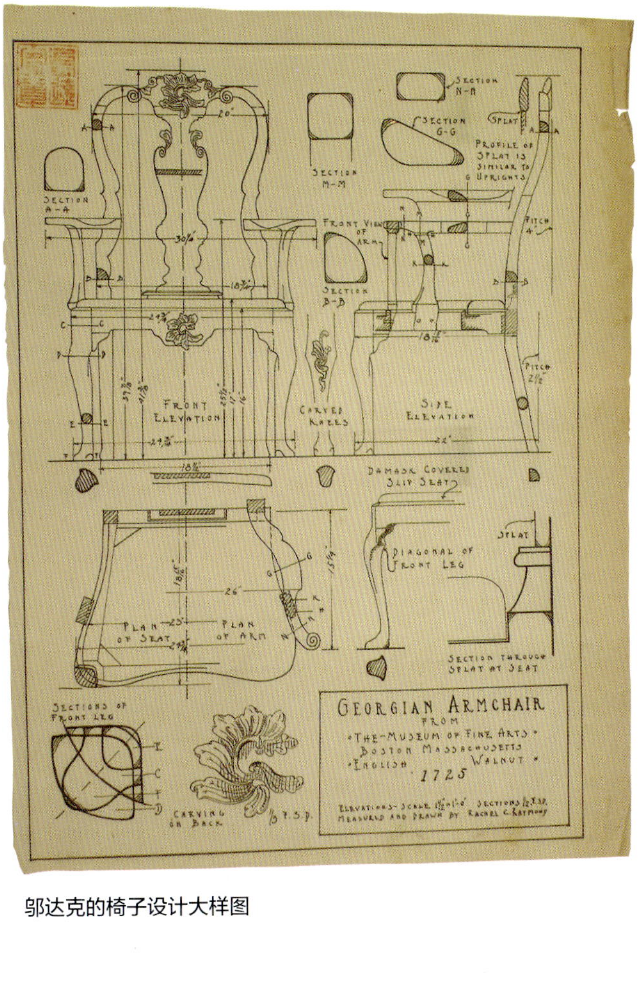

邬达克的椅子设计大样图

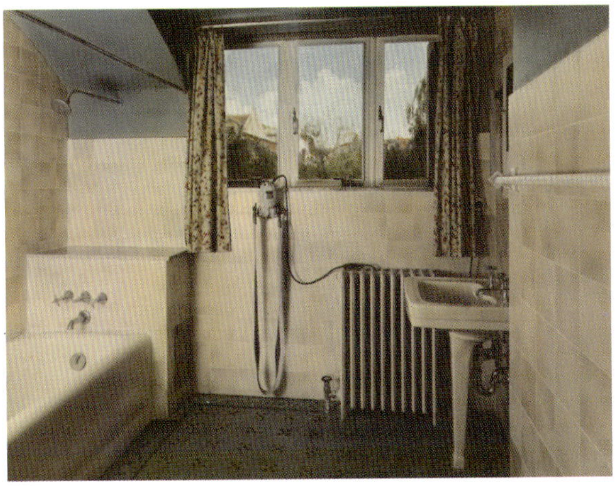

吕西纳路 17 号卫生间旧影

哥伦比亚路 22 号——未及入住的家

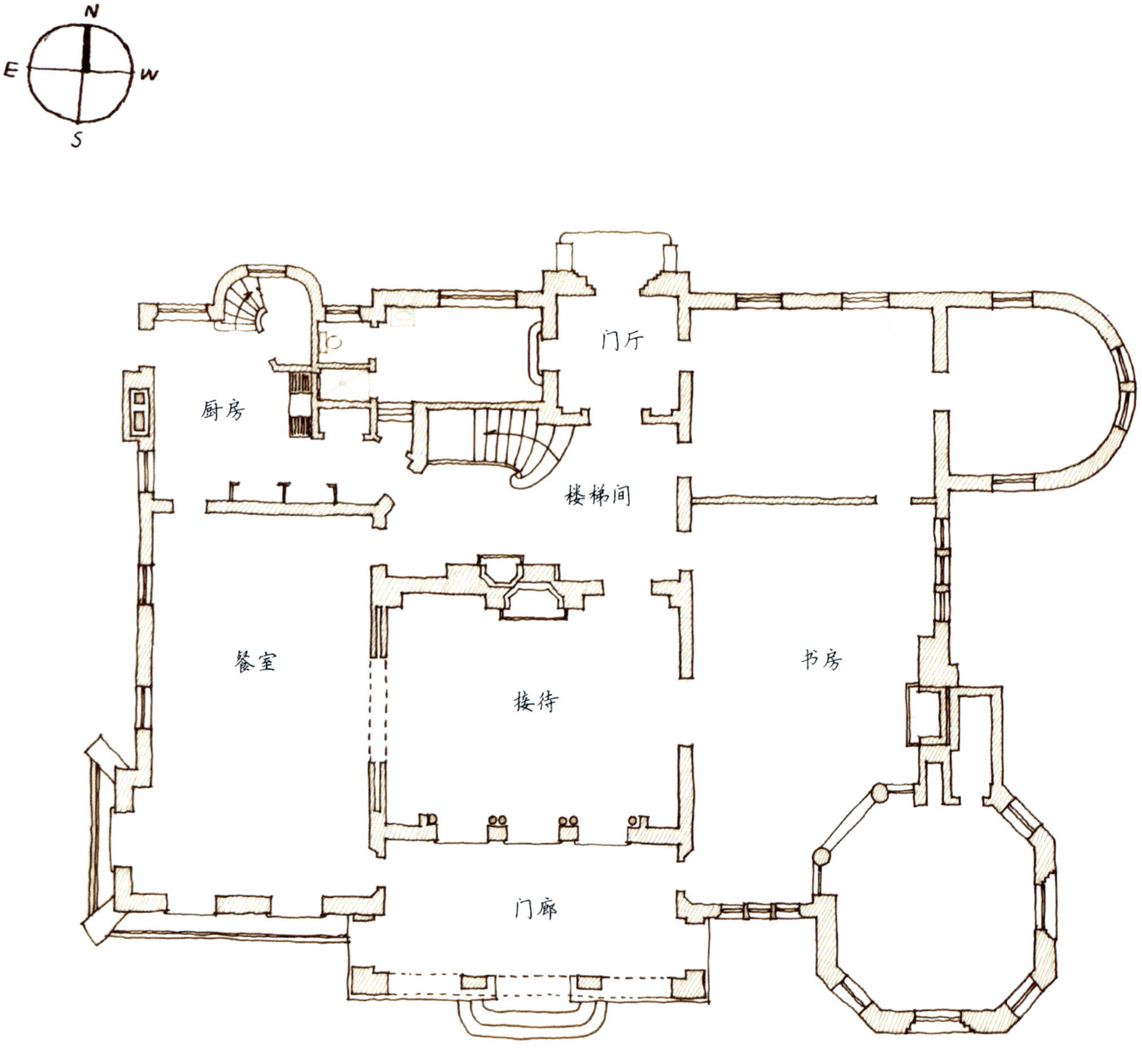

哥伦比亚路 22 号底层平面图

（华霞虹 绘）

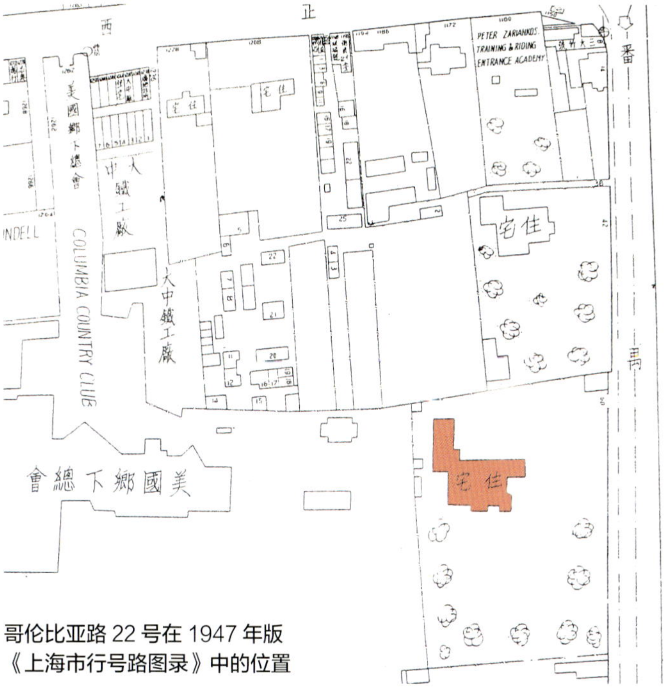

哥伦比亚路 22 号在 1947 年版
《上海市行号路图录》中的位置

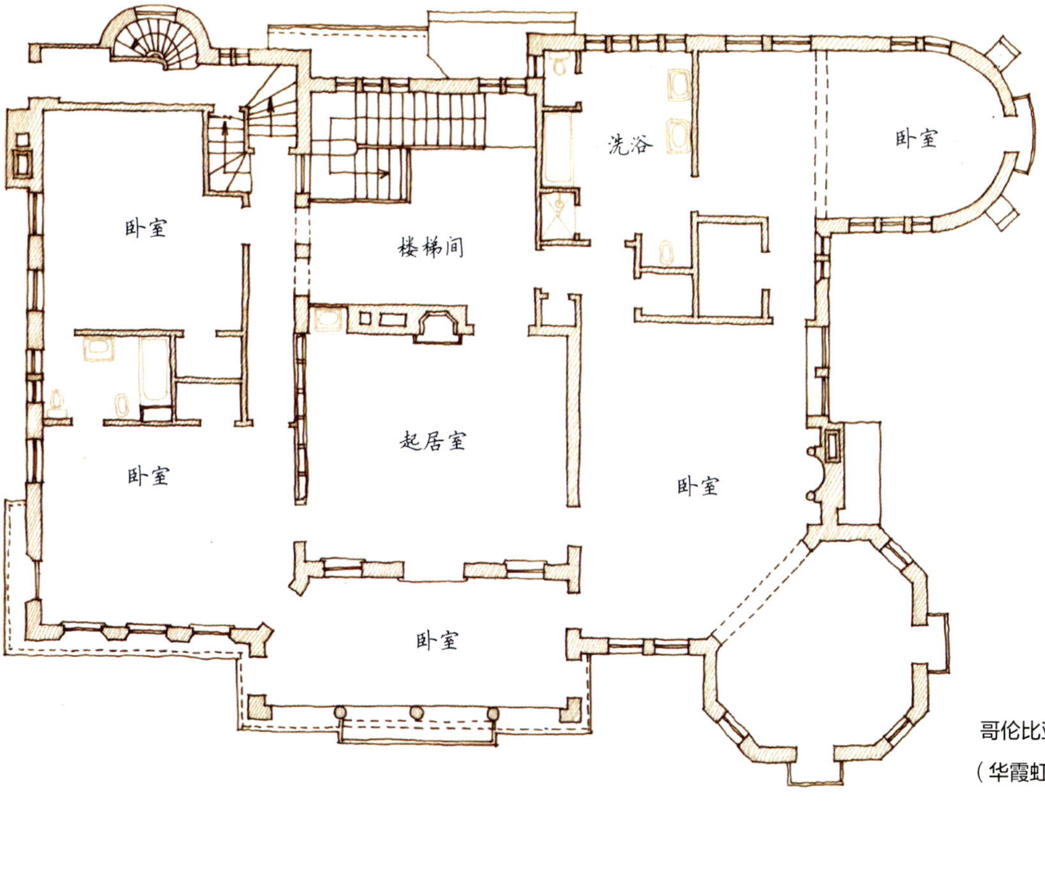

哥伦比亚路 22 号二层平面图
（华霞虹 绘）

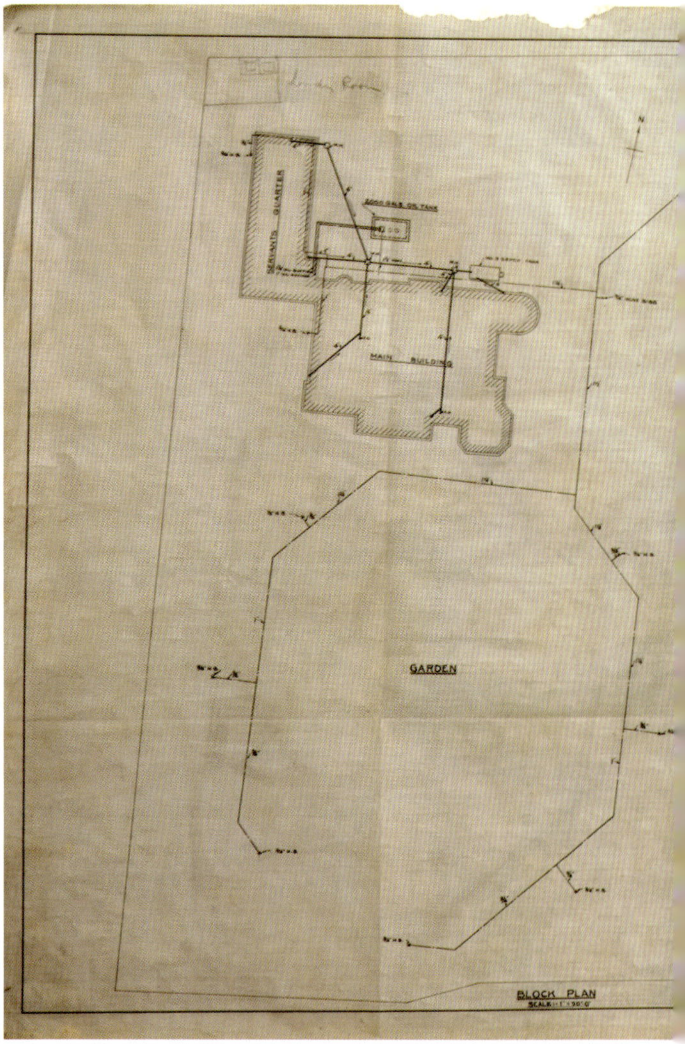

1929 年，邬达克在哥伦比亚路拟定的自宅原是一座带大花园的类西班牙风格的住宅。然而，他在同期进行的慕尔堂项目（1929-1931）中遭遇了资金困难，幸亏孙科（孙中山之子）慷慨解囊，才化解了危机。邬达克遂把未及入住的自宅低价转让给了孙科还了人情。此住宅建筑面积达 1000 平方米，延续了吕西纳路自宅的“三开间”空间格局，底层南侧为柱廊，以壁炉为中心的客厅位于中间，左右两侧分设书房及餐室。外立面上，底层“正间”柱廊兼用尖拱，两侧柱廊用圆拱，二层“正间”窗则用四扇圆拱，当中两扇落地窗有阳台挑出；两侧开间则为方窗；三层则以小阁楼山墙面形式点缀。东南角则有八角形塔楼向外突出。整个立面将各种元素协调地混搭在一起，表面做了独特的拉毛水泥面处理如同皴法，为建筑打上了浅浅的调子。

孙科与邬达克的合作始于 1928 年。孙科时任国立交通大学（今上海交通大学）校长，邬达克则负责交通大学的总体规划方案以及其中的几栋建筑，如交通大学设计工程学院。1930 年夏，邬达克在马路对面重新购地，设计并建造了今天我们所看到的邬达克旧居——哥伦比亚路 57 号第三个家。

孙科住宅近影

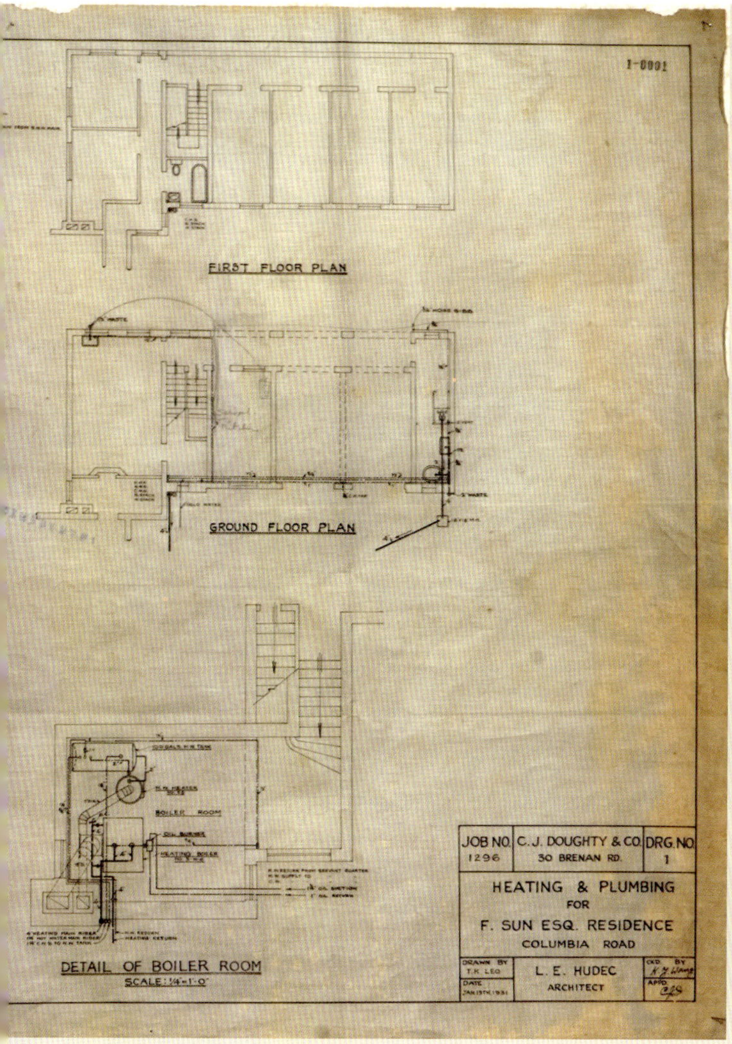

哥伦比亚路 22 号排水平面图

孙科住宅近影

大西路达华公寓——第四个家

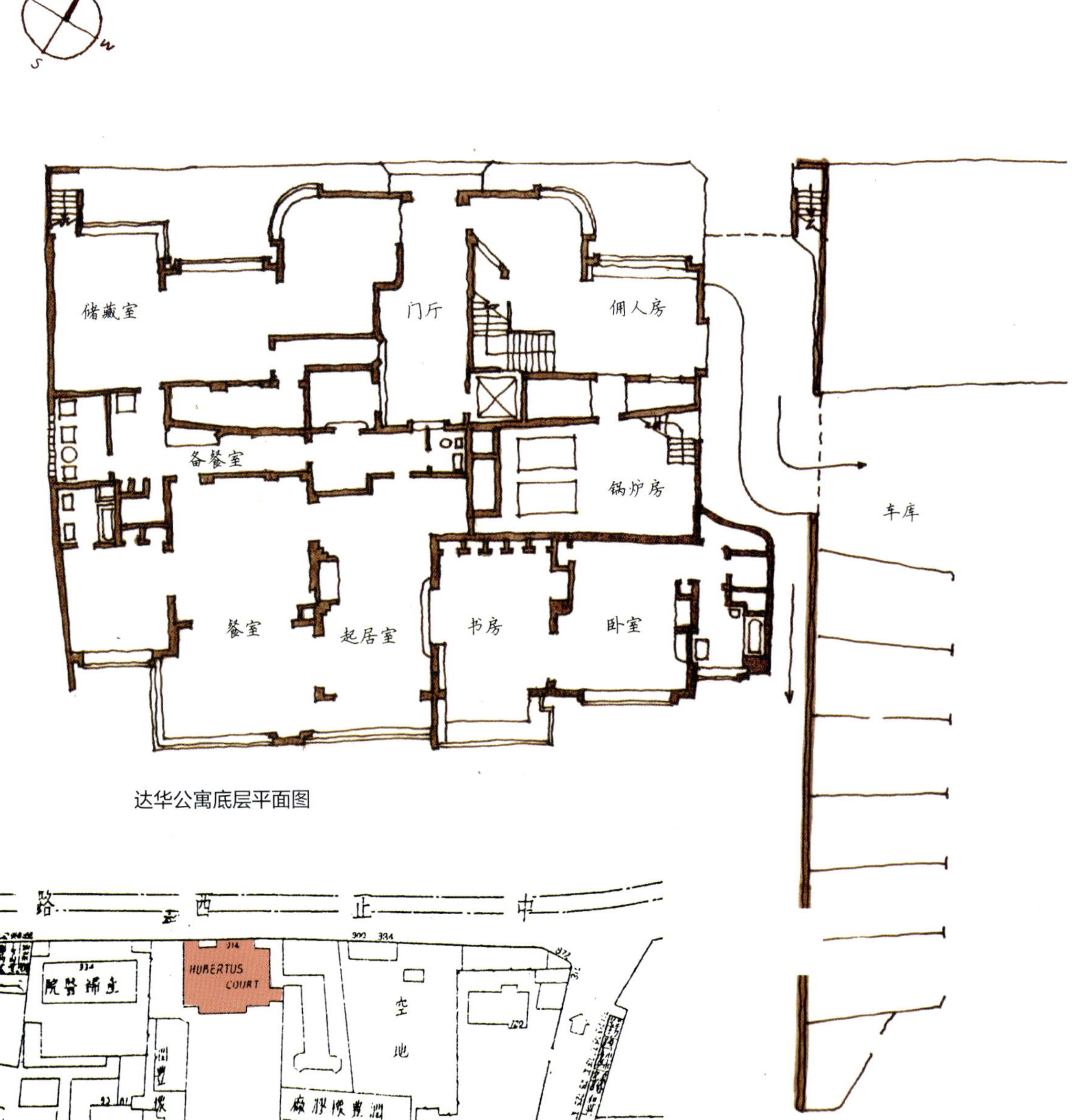

达华公寓底层平面图

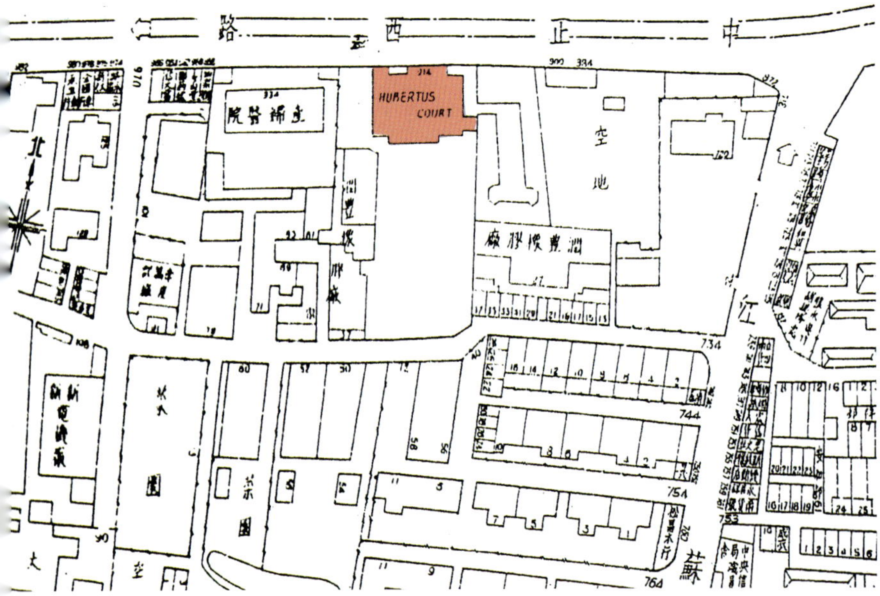

大西路（后改名中正西路，今延安西路）达华公寓在 1947 年版《上海市行号路图录》中的位置

1938年，邬达克入住达华公寓。此楼共十层高，每层楼面两套大的公寓，南侧带大阳台，北侧为佣人房，还有一套带两个房间的小公寓。邬达克一家住在底层，虽说公寓外观是彻底的现代主义风格，家庭内部装修却延续了哥伦比亚路旧居的风格，甚至不少家具也是直接搬过来。从屋子里向落地窗望去，是公寓的花园，格局与旧居十分类似。2013年，修葺一新的达华公寓转为酒店，邬达克曾经的家成了酒店的大堂。当然，当年的装修陈设早已不存。

达华公寓底层起居室及从哥伦比亚路旧居搬来的邬达克设计的矮柜旧影

达华公寓标准层客厅旧影

达华公寓底层，邬达克家的客厅旧影

达华公寓旧影

达华公寓旧影

1.4 建筑师邬达克理想的家

事实上，从 1920 年代晚期到 1930 年代早期，邬达克的设计作品有着从古典折衷主义风格到现代风格的逐渐过渡，这与当时的建筑潮流是同步的。在哥伦比亚路旧居居住的 1930 年至 1937 年，也是邬达克作为匈牙利人的身份和作为上海滩著名建筑师的身份得到了双重确定的几年。然而，不管我们对于旧上海最著名的建筑师的家有着怎样的想象，在哥伦比亚路的旧居中，我们却没有见到一栋类似现代主义建筑宣言的住宅，也没有见到匈牙利地域色彩，最终呈现在我们眼前的是一幢有着英国乡村风格的别墅。这种背离其实折射出邬达克对于建筑的态度。

邬达克的女儿晚年曾回忆道："邬达克有一点不同于其他建筑师——他不会将自己的想法与模式强加于业主，他总是先倾听他们要什么，然后再选择适当的技术将业主的想法建造出来。业主想要一个法式庄园也好，一个英国都铎式别墅也好，邬达克都可以将他们的愿望实现。只有一点是他一直坚持的，那就是使用上好的材料去建造。"

面对来自于中国、美国、法国等不同国家的客户，邬达克小心翼翼地收起了令他困惑的民族性，将国际上最流行的建筑样式输入到上海。在哥伦比亚住宅圈模式中，邬达克在一套大体固定的平面中，给予了客户自由选择的灵活性。客户可以选择的不只是房屋的风格，还可以增加房屋的面积、选择车库、修改房型，甚至可以自己当设计师，将自己对于家的设想告诉邬达克，由他来帮助实现梦想中的家。

对于邬达克自己的家来说，他的德英混血的妻子吉塞拉·迈耶即是"甲方"。哥伦比亚路英国乡村风格的家，也即满足了妻子对于都铎复兴式样的偏爱。这一风格在德国以及邬达克的家乡很是常见，可以说唤起了妻子淡淡的乡愁。如果我们进一步比较邬达克在吕西纳路、哥伦比亚路及达华公寓的三个家，就更能看到在室内的装修与陈设的连续性。

那么，可否说邬达克只是一个听命于业主、缺乏建筑理想的时髦商业建筑师呢？还

哥伦比亚路 57 号旧影

是让我们看看他自己对于建筑的理解吧："建筑是应用艺术，外在的呈现是内部的结果。建筑不一定总要创造出新的东西，因为新的环境、新的挑战、新的材料总会自己催生出新的解决方案。"（引自 1920 年代中期邬达克寄给家中的一封信）

如果你仔细去看哥伦比亚路旧居的建造，就会理解邬达克所说的话：虽然旧居的风格是传统的英国乡村式，但是他不会拒绝将时兴的材料与技术使用在传统风格的别墅上——邬达克在哥伦比亚路的旧居在总体砖木结构的基础上，在屋架关键受力部位使用了钢结构，卫生间地面用了钢筋混凝土，阁楼及陡坡面结构采用了现代轻木结构，这是一个能代表当时先进建造技术的房屋。在立面上以及室内所呈现的"都铎式"木造，都是在新的结构体系上小心翼翼地嵌入进去的。换句话说，对于建筑的模样，邬达克听从业主的喜爱作出选择，同时根据自己的经验用当时最先进的技术、最经济的方法去呈现它。好比衣服可以有不同的款型和风格，邬达克关心的是如何以最合适的布料以及最好的工艺来为不同的人量体裁衣。

邬达克在圆明园路自己的办公室

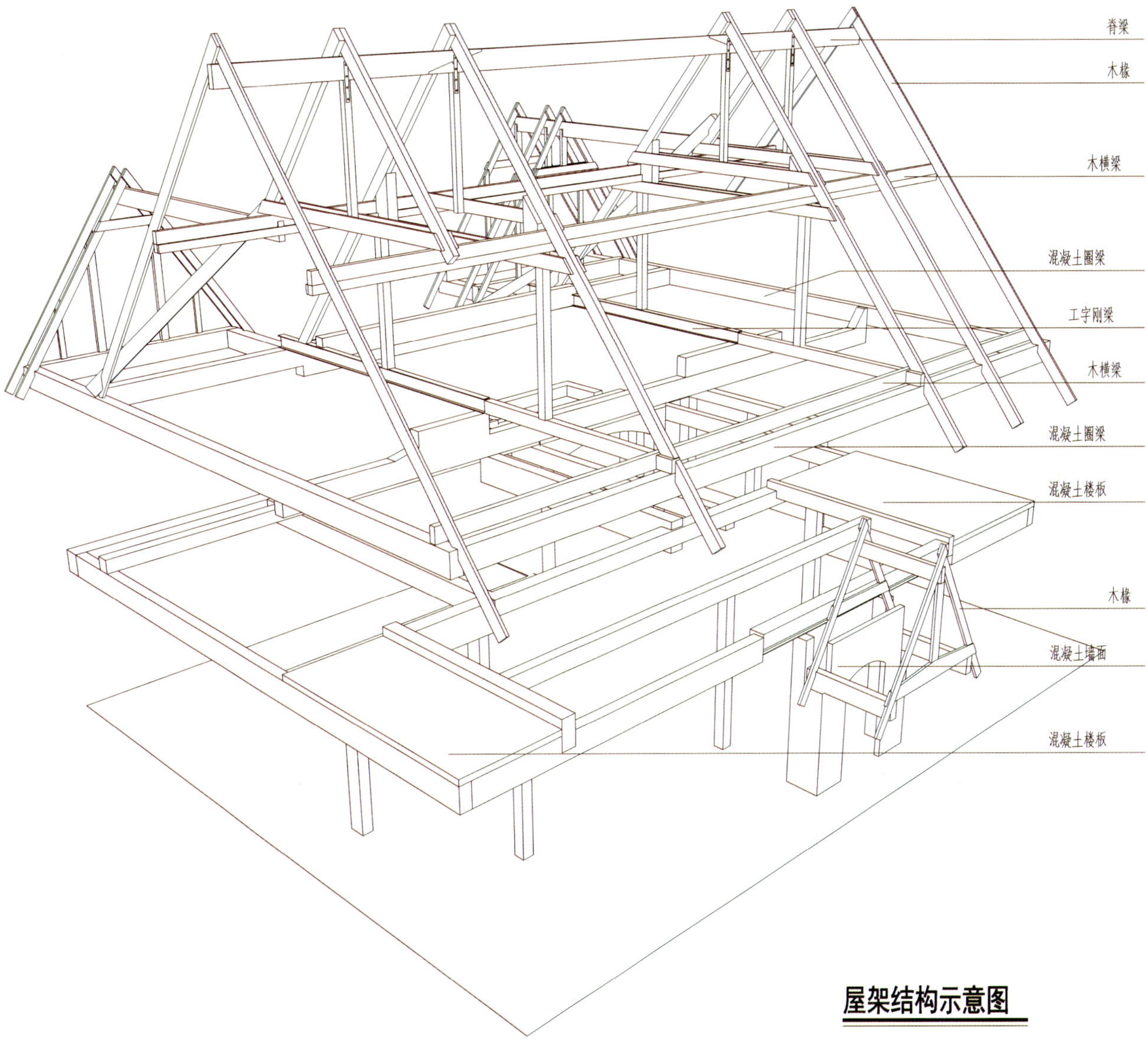

哥伦比亚路 57 号旧居屋架结构示意图
（上海建筑装饰集团绘制）

邬达克最后的家

1947 年，时局动荡，邬达克带着家人匆忙离开上海前往欧洲。

1949 年，他在美国加州的伯克利安了家。那是一个建在海崖边的三层高的别墅住宅，带着一个山地花园，可以眺望到金门大桥。9 年之后，邬达克着手对别墅做些翻新，并画好了图纸。然而，复活节的那个星期天，一场大雨导致了山体滑坡，邬达克的房子被列为不适宜居住的地带。他不得不再次寻找新的住所。

那年的 1 月份，邬达克打算在加州北部的斯阔谷（Squaw Valley）建造一个瑞士风格的小木屋，那里的冬天有着和瑞士一样的雪山。他采取了阿尔卑斯山区传统的井干式的构造方式，并将图纸寄去瑞士，木构件在那儿预制组装好，再拆卸下来运至美国。在失去了伯克利的安居之所后的 8 月，他开始着手建造这个度假小屋，并憧憬着享受北加州的松林之乐。然而两个月后，他突发心脏病，离开了人世。

家人按照邬达克的心愿，将他的骨灰葬于故乡斯洛伐克的班斯卡－比斯特里察的家族墓地。漂泊了半个世纪的邬达克，最终还是落叶归根了。在故乡不远的山林里，静静地矗立着邬达克学生时代设计的一个小教堂，那是他在故乡唯一的一个作品。

邬达克生前最后一张照片，1957 年

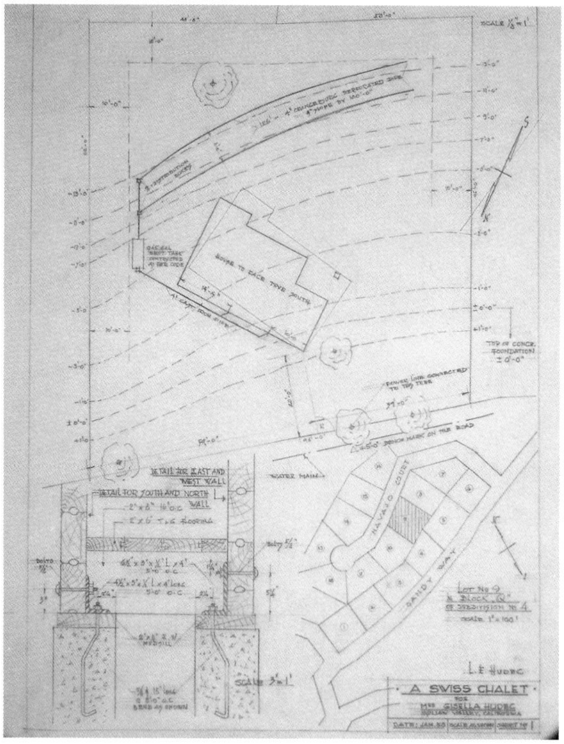

斯阔谷避暑住宅图纸

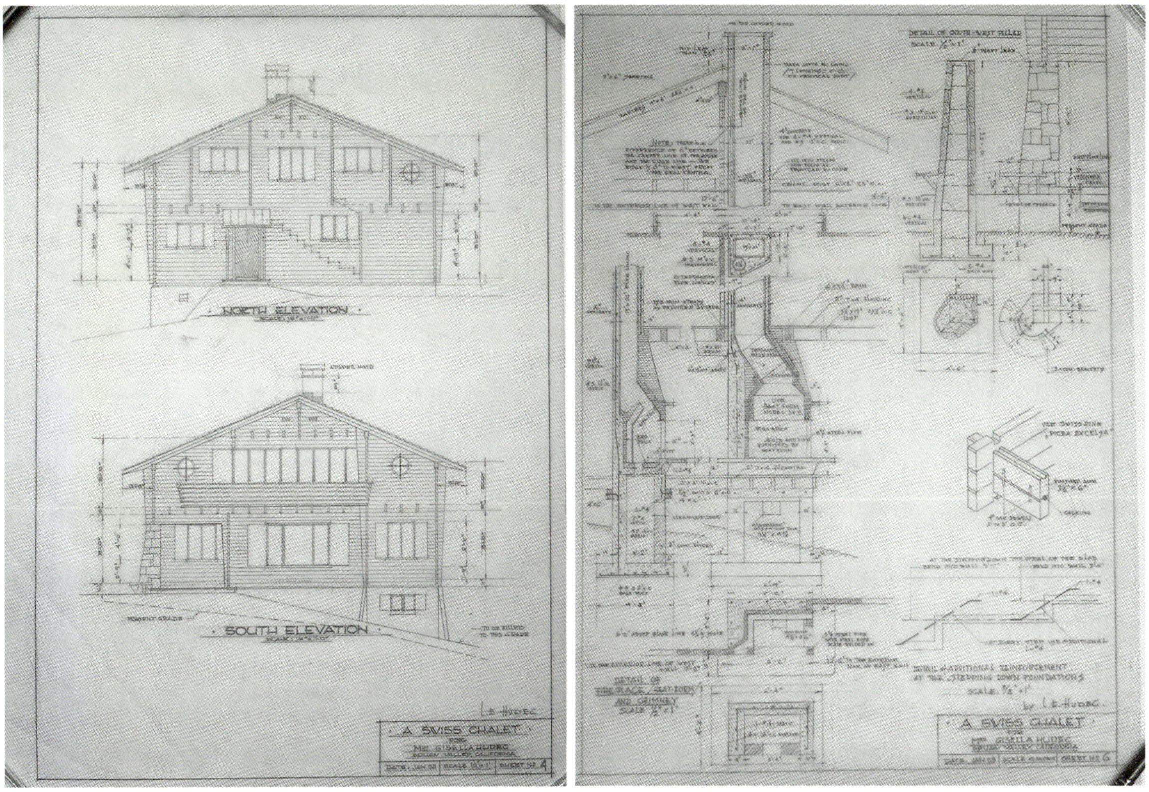

斯阔谷避暑住宅图纸

邬达克在故乡斯洛伐克的班斯卡－比斯特里察的墓地及墓碑
（墓地照片由斯洛伐克共和国驻上海总领事馆提供）

2. 记忆与历史

2.1 哥伦比亚路旧居的乡村生活

1931 年年初，邬达克携妻带子搬入这个带大花园的西郊新居。新居的建成为邬达克和家人提供了一个标志着上流社会身份的家园，他们的孩子在这里度过了无忧无虑的童年。他们的生活，也反映了当时上海西区哥伦比亚住宅圈周边在华侨民的生活状态。

邬达克的长子马丁晚年回忆：

当时邬达克一家在哥伦比亚路的家有 10 个仆人，他们各有分工，“有个 1 号说英语的仆人，你告诉他哪些事，他就会告诉其他人该做什么；有个 1 号厨子，但他不会去削土豆皮，那会让他觉得受到了侮辱，你就不得不再找俩人给他打下手——1 号厨子只搅拌搅拌，做做牛排什么的；有个 1 号园丁，他会给花修修枝叶，把它们摆在合适的位置，但他不会去修建草坪”。（引自斯洛伐克纪录片《邬达克：改变上海面貌的建筑师》*The Man Who Changed Shanghai,2010*）

对于邬达克的女儿阿莱莎来说，旧居充盈着幼时愉快的回忆：

“那些年，每年夏天，在这栋英国都铎复兴风格的家里，我父母常常邀请奥匈裔的同胞来做客。在那个时候，整个别墅就是个开放的空间，人来人往，一些人在玩槌球，一些人热衷于匈牙利人玩的塔罗牌，另一些人则围成一圈聊天、八卦一下新闻。记得有一个叫林肯的人很有意思，他第一年来的时候是个犹太教教士，第二年变成一个佛教徒，再次见到他的时候成了天主教修道院的主持者。而我总是穿着我在布达佩斯阿姨那儿定期寄来的匈牙利传统服装。

“当时，我的外祖父母搬来后，我的父母住在二楼的主卧，我住在了别墅的屋顶层，靠近卫生间和阁楼上的鸽舍。我爸爸总是在去办公室前上鸽舍给它们喂食。我的两个哥哥也住在屋顶层。屋顶层剩余的空间用作储藏。

“我的哥哥西奥多当年最喜欢的游戏之一就是夹个枕头从他住的屋顶层顺着木扶手往下滑。他对我很好，常常在楼下的花园里让我荡秋千玩。男孩儿们自己则玩沙盒，或是爬上旧居花园一角高陡的‘木屋炮台’与

附近的美国小孩用BB枪互相射击玩耍。”（引自阿莱莎在2013年邬达克纪念室开幕仪式上的讲稿）

邬达克的女儿阿莱莎在旧居花园

邬达克在哥伦比亚路的邻居们

在哥伦比亚住宅圈早期的住民中，外籍人占了多数，一些旧上海最有名的商人居住于此，同时也包括了银行界人士、医生、公务员甚至服装设计师等等。

其中最有名的是日后成为英国著名作家的詹姆斯·格雷厄姆·巴拉德（J.G.Ballard 1930.11.15-2009.4.19）。他的名著《太阳帝国》1980 年代曾搬上了银幕，由著名导演斯皮尔伯格执导。1987 年 3 月上旬在上海开始进行为期三周的外景拍摄，再现了二战时期在沪外国侨民在集中营的经历。1931 年，马丁 8 岁，西奥多 6 岁，阿莱莎 3 岁，巴拉德 1 岁。不知他们是否做过童年的玩伴。

巴拉德一家在 1930 年住入安和寺路 100 号。巴拉德在其晚年自传《生活的奇迹》（Miracles of Life）中回忆了他坐着配司机的别克车，喝可口可乐，吃冰激凌，看美国电影，从伦敦订购玩具，在天主教学校接受严格教育的童年。而侨民成年人的生活则仿佛就是在无尽的派对以及活动中度过。同邬达克的子女们一样，少年巴拉德同样与中国人的生活隔绝开来。他的家同样有着 10 个保姆，其中 1 个白俄保姆。这些仆人们，只有代号而无名字。

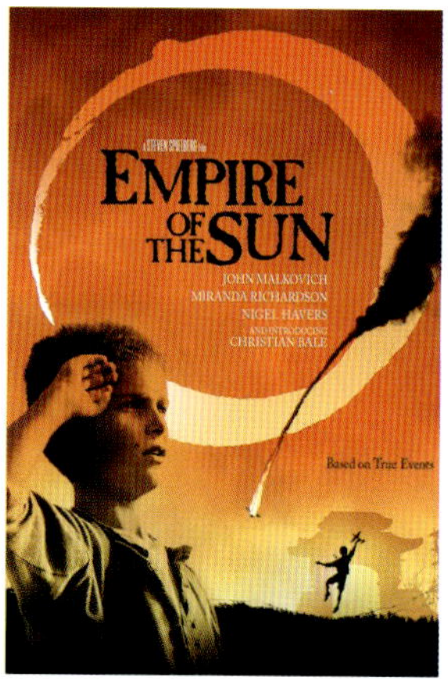

电影《太阳帝国》海报

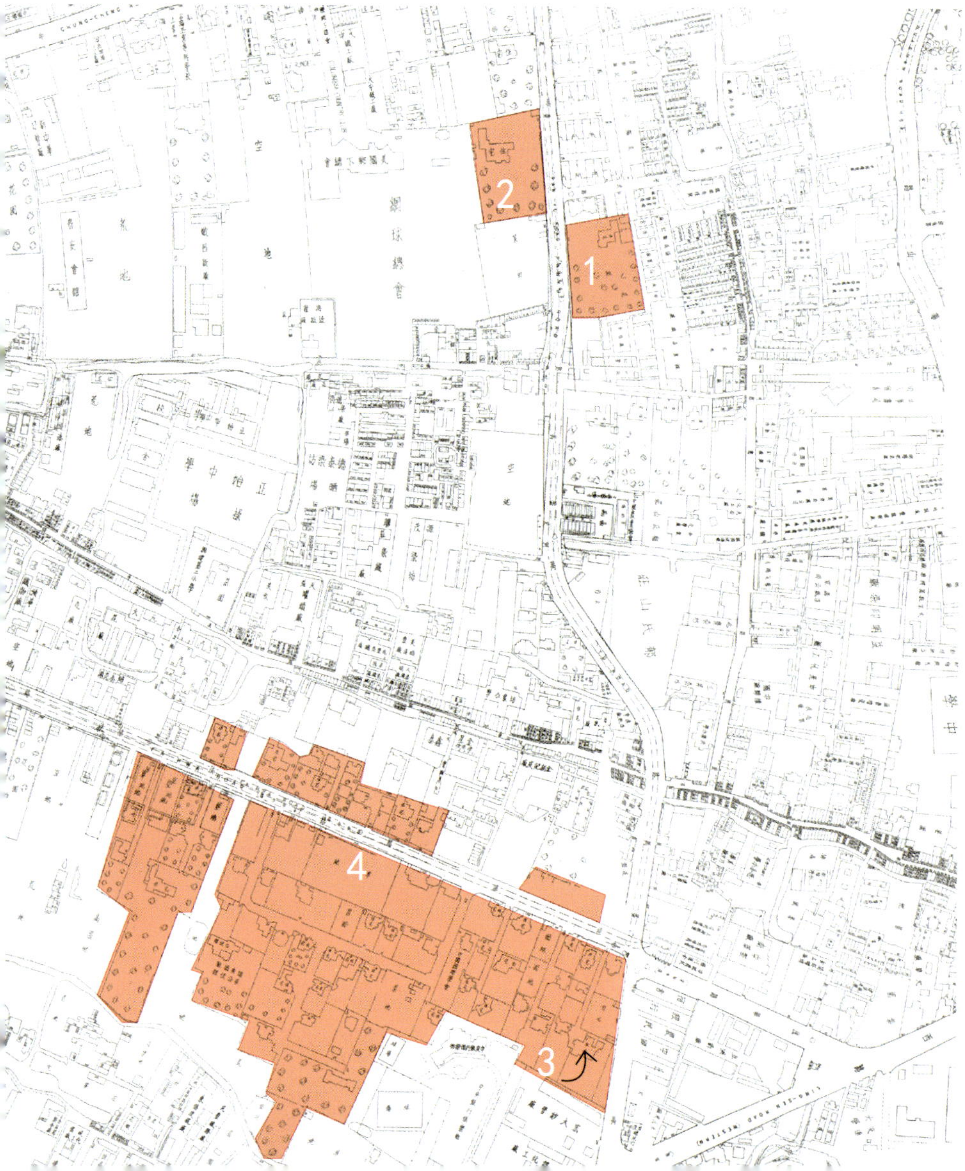

邬达克旧居与哥伦比亚住宅圈的位置关系（选自 1947 年版《上海市行号路图录》）

1. 哥伦比亚路 57 号
2. 孙科住宅
3. 巴拉德旧居
4. 哥伦比亚住宅圈

邬达克旧居与市政排水设施

虽然旧居的生活很是惬意，但旧居周边的排水设施的滞后，从旧居建成之初就一直困扰着邬达克。 租界内的排水问题属于工部局管辖。“因为排水、污水处理系统完全是工部局独立操办的公益性质，所以这一建设与其他市政门类相比，时间上要滞后很多……市政基础设施自身的特性决定了建设的定位与标准，并最终影响了都市生活与都市空间。”（张鹏，《都市形态的历史根基》，第 197 页）越界筑路地区的排水就更加困难点，业主不仅得自掏腰包，还得等到工部局有心思来管这档子事。几经多方磋商，1931 年 6 月，旧居的管道总算与大西路上的城市管道接通了。而旧居南侧周边住户的排水问题仍未得到妥善解决，这让附近的居民对于邬达克甚为不满。尽管邬达克调动了他在上海广泛的人脉资源，最终也未能解决这个问题。

1936 年夏，旧居又陷入排水问题之苦：西侧卵形花园的排水原来依靠沿着西侧篱笆的明沟，邬达克为了节省费用，缩短排水管道长度而将卵形花园的排水系统与哥伦比亚路上的管道相连。结果城市管道的污水倒灌进地势低洼的花园，造成了更大的麻烦，使得管线必须做出调整。有关邬达克就排水一事的努力至今还可见诸于维多利亚大学图书馆保存的那些信件里。

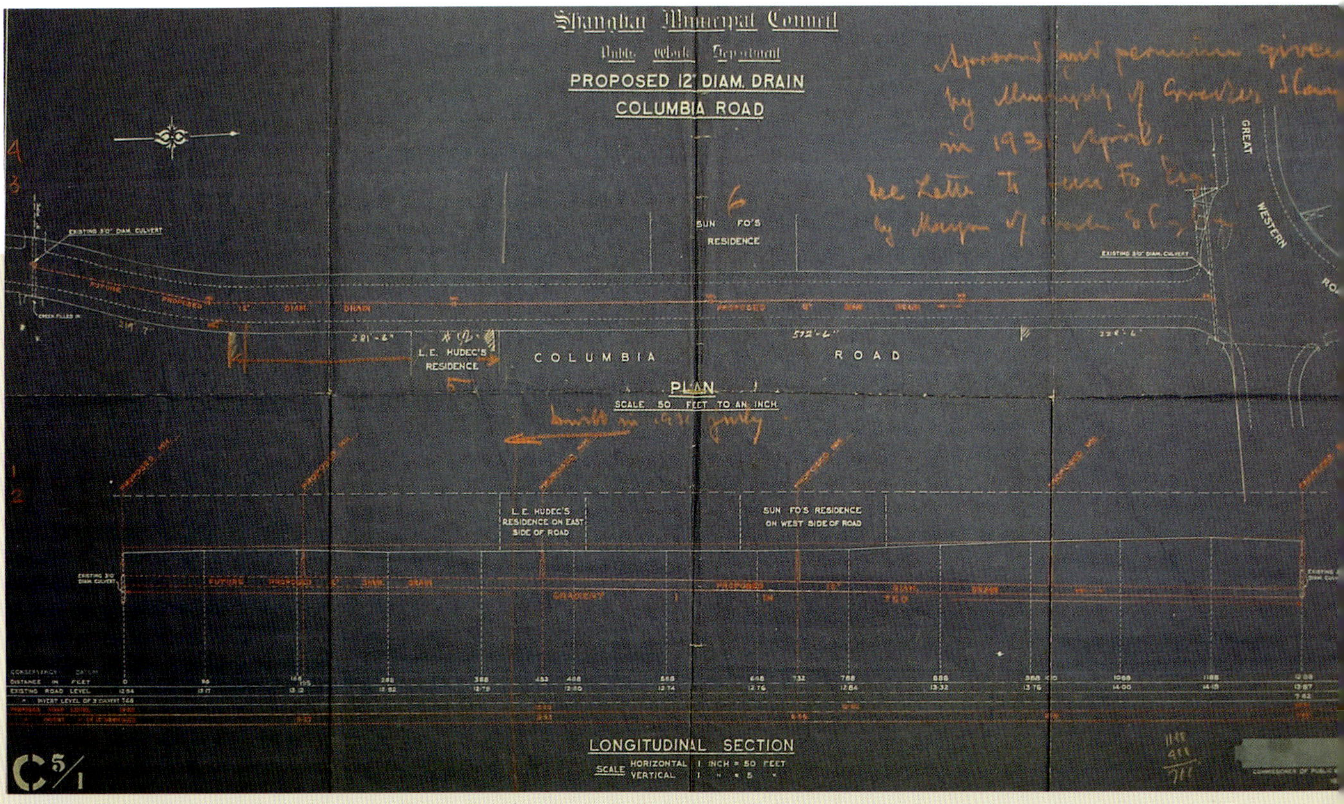

哥伦比亚路排水平面图

2.2 哥伦比亚路旧居的设计稿

要理解邬达克哥伦比亚路的旧居，最好的方法就是回到当年邬达克的设计图纸中去。好在 1996 年，邬达克子女将其父亲整个职业生涯的建筑图纸、工程方案、生活照片、法律文件等共 550 卷档案文件，全部捐献给加拿大维多利亚大学图书馆供后人研究。那里保存了关于旧居设计的全套图纸，这让我们能够真真切切地回到 1930 年的那个夏天，去考察旧居的总体规划、建筑设计、细部建造到建成的全过程。

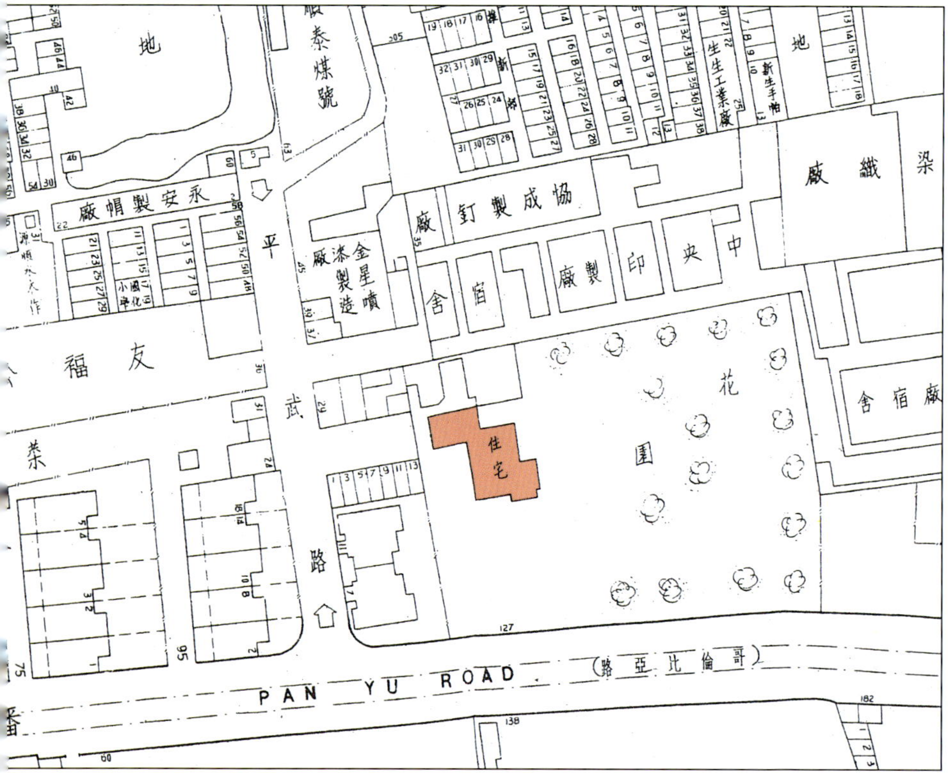

哥伦比亚路旧居在 1947 年版《上海市行号路图录》中的位置

其中邬达克绘制的设计图纸包括了前后五张总平面图；两张平面图（其中一张包含施工说明）；一张铺地平面图；四张外立面图；一张卫生间内立面图；四张细部大样图；一张门窗图表以及一张底层室内立面草图。（与旧居相关的档案资料也包括：上海市土地局户地地形图一张，公共租界工部局工务部之下水管网布置图一张；邬达克与相关单位就旧居周边排水事宜函件数封。）

旧居的总体规划

我们看到的第一张图是总平面图，绘制于 1930 年 6 月 19 日，它包括了一幅地形图和一幅宅基地图。在地形图中，我们可以注意到旧居的矩形基地贴着哥伦比亚路，与美国乡村总会隔街相望。基地的北侧、东侧、南侧没有道路，边界由不远处的河浜所限定。在宅基地图中可以看到，在占地约 8 亩的宅基地上，旧居偏居东北角，避开了马路的喧嚣。

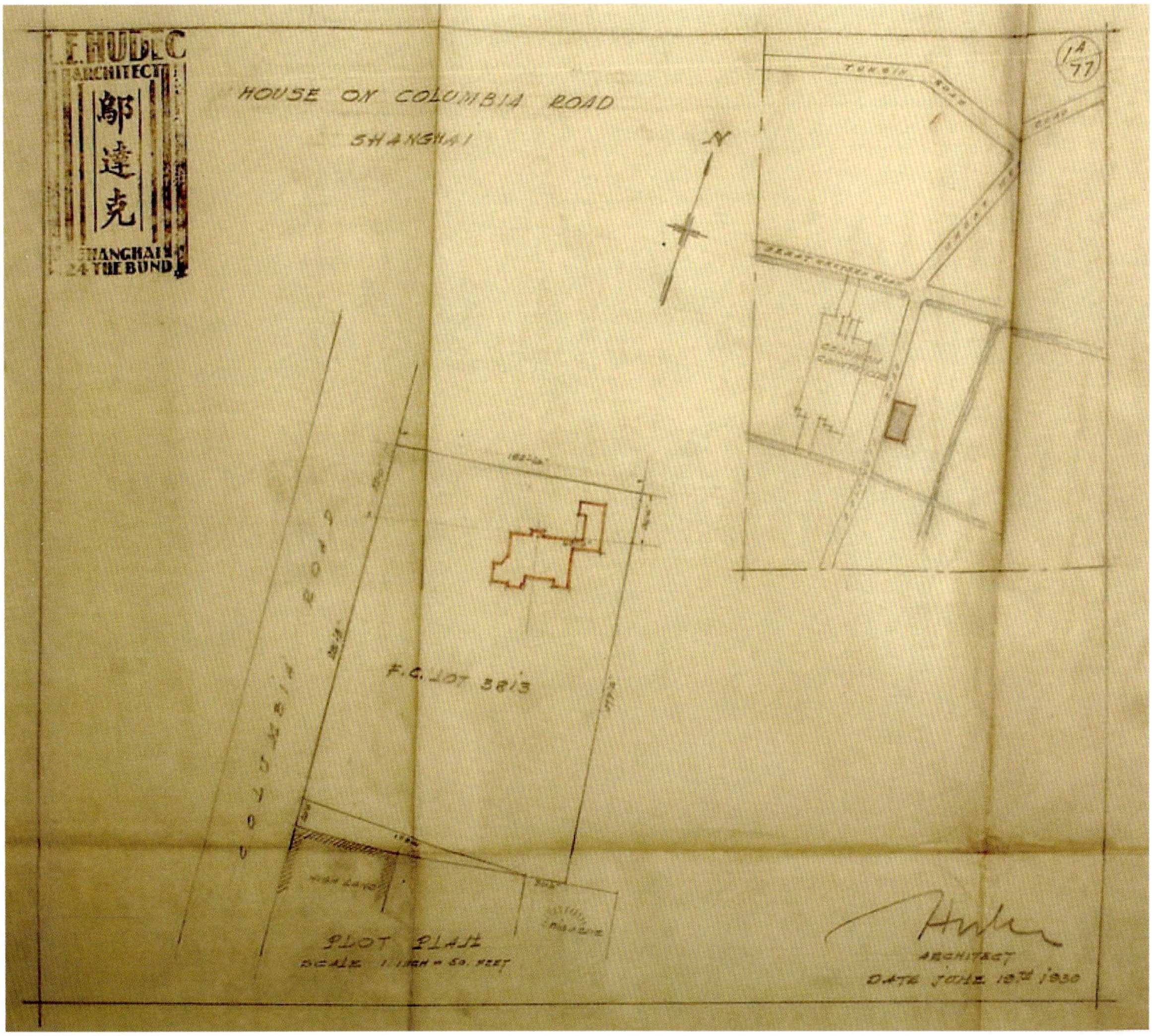

哥伦比亚路旧居的总平面图

第二张图绘制于 1930 年 6 月 24 日，它讲述了旧居基地的总体规划布局。旧居的西北侧布置了车道，车库及佣人房设在东北角。南侧的大片设为花园。

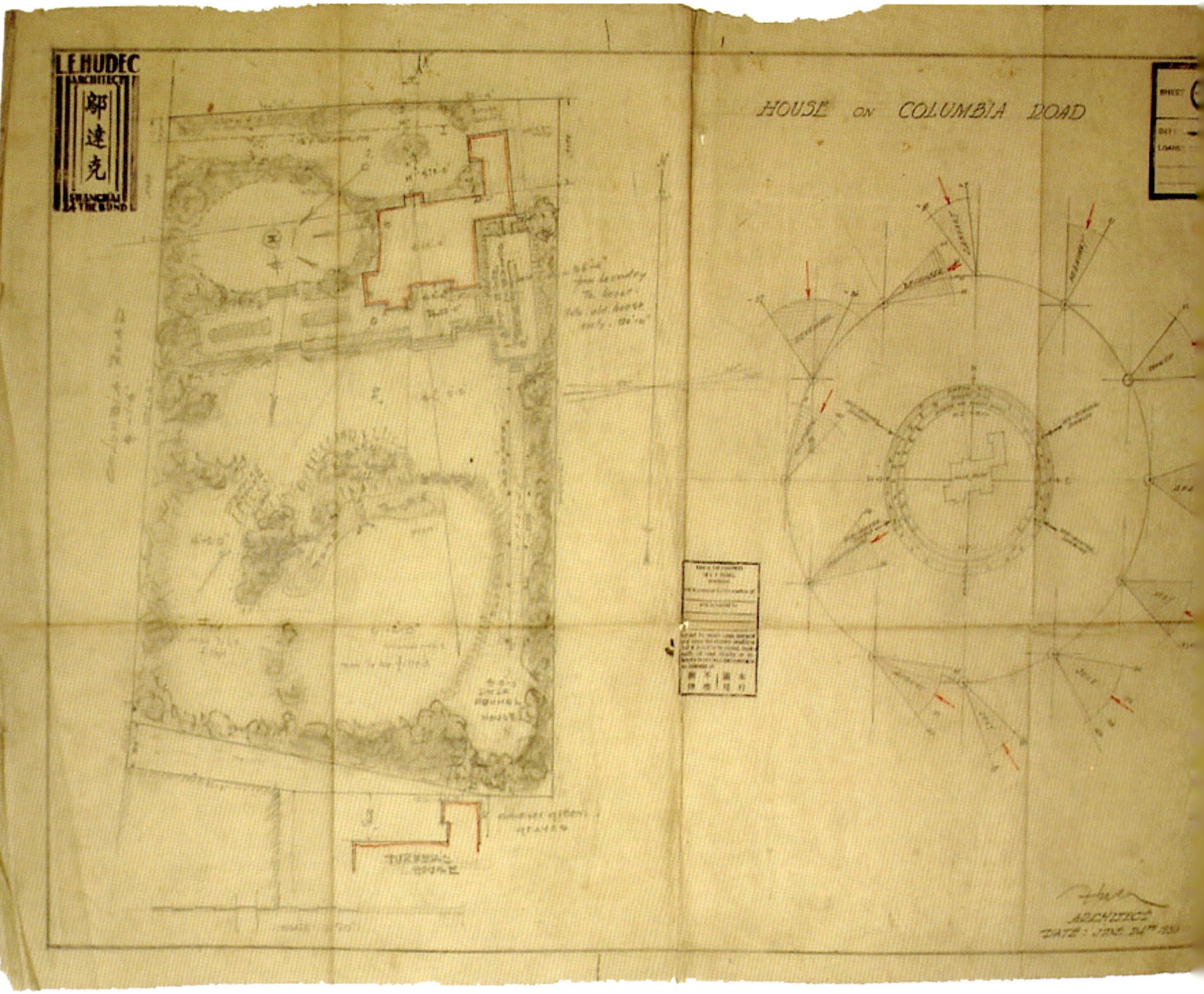

哥伦比亚路旧居的总体规划布局图

半年之后的 1931 年 1 月的一张名为“哥伦比亚路 57 号排水总平面图”上，我们看到了实际建成的旧居，其平面布局在东面和南面都略微扩展了一亩有余；同时，东北侧紧靠着温室的地方和最南侧增设了厨房。

在花园的设计中，邬达克运用了不规则的曲线平面。精心设计的花园遍植杨柳和桃树，一条小径贴着基地的东侧延伸至南部。花园草坪中，添置了带有江南特色的太湖石和石灯笼作为点缀。花园的铺地采用了青石铺砌，这些大小不一的石材或许是从附近收集来的古物。 这些布置为花园增添了野趣和地方风味。

哥伦比亚路旧居的排水总平面图

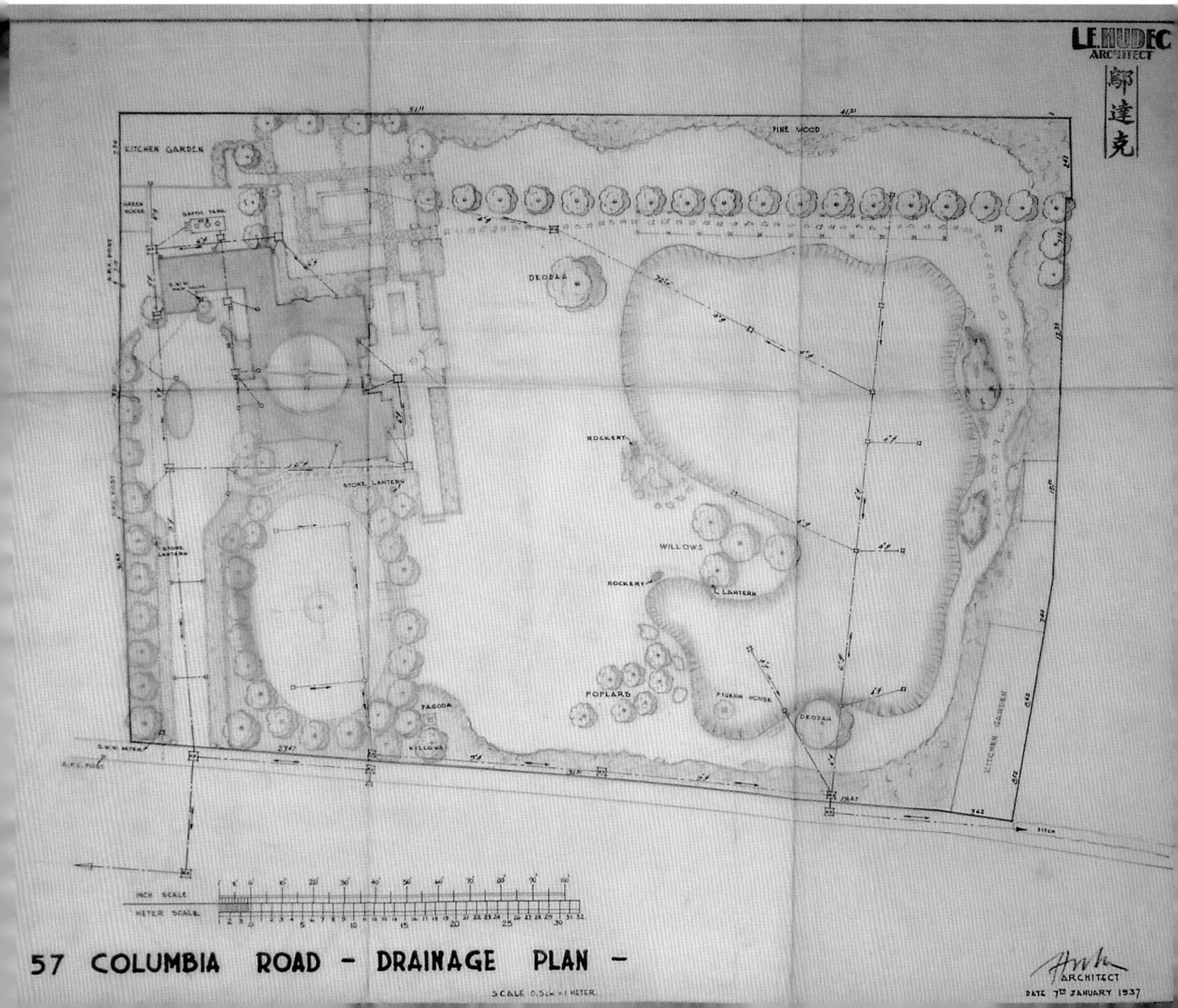

哥伦比亚路旧居南侧花园旧影

旧居的立面

旧居的平面、立面以及门窗表的正图在 1930 年 3 月 17 日至 25 日完成。之前的草图则显示了邬达克对于建筑外部复杂形体的推敲。

旧居的西立面朝着哥伦比亚路，是入口所正对的立面，因此也是邬达克花比较多心思推敲的一个立面。在档案中我们看到分别有三张不同角度的透视草图研究这个立面的屋面、山墙、烟囱之间的形体关系。在这里，烟囱联系起了左侧硬山墙与右侧一泻而下的坡屋顶。坡屋顶底层为落地玻璃阳光房，白墙、褐瓦、玻璃三要素有机组合成一体。

我们在稍后的平面中将会看到，旧居北立面所对应的室内功能颇为复杂，邬达克通过模数化的露明木构架把它纳入了都铎风格

邬达克手绘的三张不同角度的西立面草图

体系的控制之中。底层小巧精致的主入口，借用了直跑楼梯下部的空间，显示出亲切的氛围，欢迎着主人的进入。在立面细节处理上,邬达克选择在重要的部位做适当装饰——主入口上，固定的露明木过梁功能的铁钉做成四瓣花饰状,过梁下侧则刨出优雅的曲线。于入口进行了细致的刻画也反映在了邬达克的草图之中。另外，北立面西边的铸铁落水管设计，不同于其他几个立面的落水管，相当精致，也是因为当时进入旧居，西北角的位置其实是人最先接近的一处。

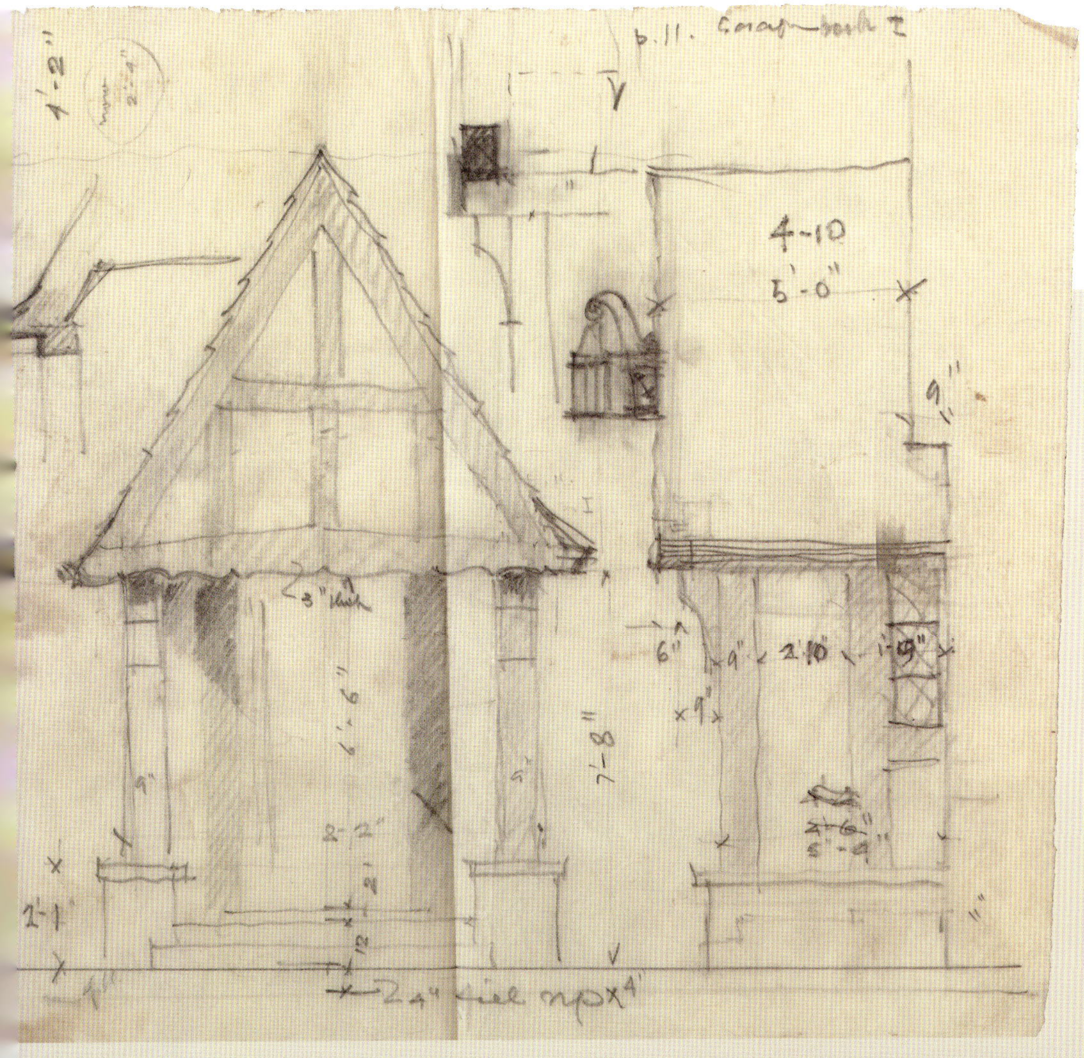

邬达克手绘的北侧入口草图

旧居的南立面，伸出的坡屋顶形成了两个山墙面。英国乡村风格的重要元素：装饰性木构架就围绕着这两个山墙面展开。草图显示，突出的山墙面是重点勾勒的对象。东侧山墙面的直线条与西侧的曲线条互为映衬，其一稳重，其二优雅，使它们仿佛具有了性别特征。有趣的是，旧居两个烟囱也是西侧大，东侧小，互为对偶。与西侧的长坡屋顶一起，这些细部合成一个整体，化解了正立面原本过于对称僵直的感觉。

南立面旧影

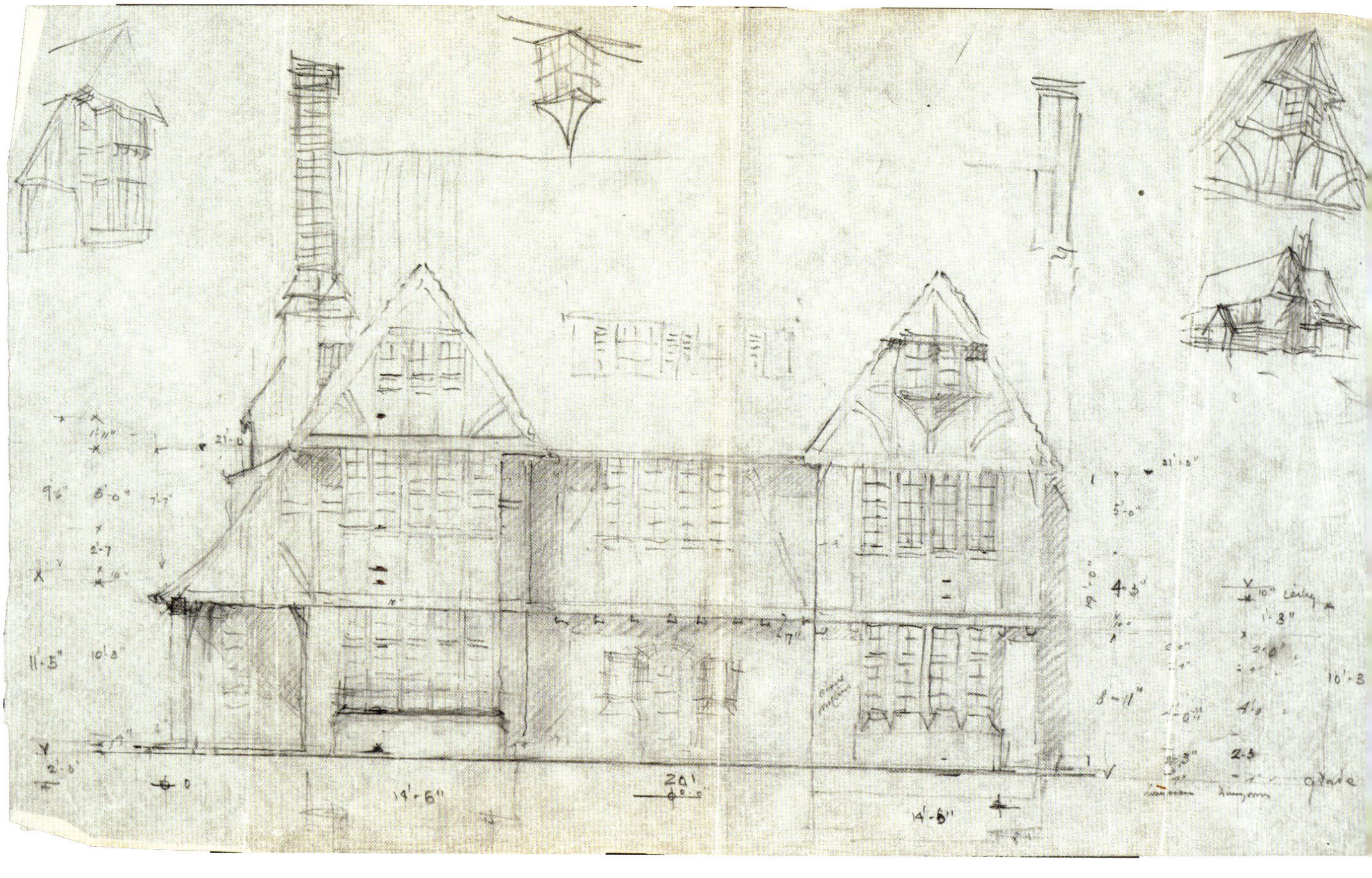

邬达克手绘的南立面草图

南立面旧影

南立面图纸

上左：东立面草图
上右：西立面旧影

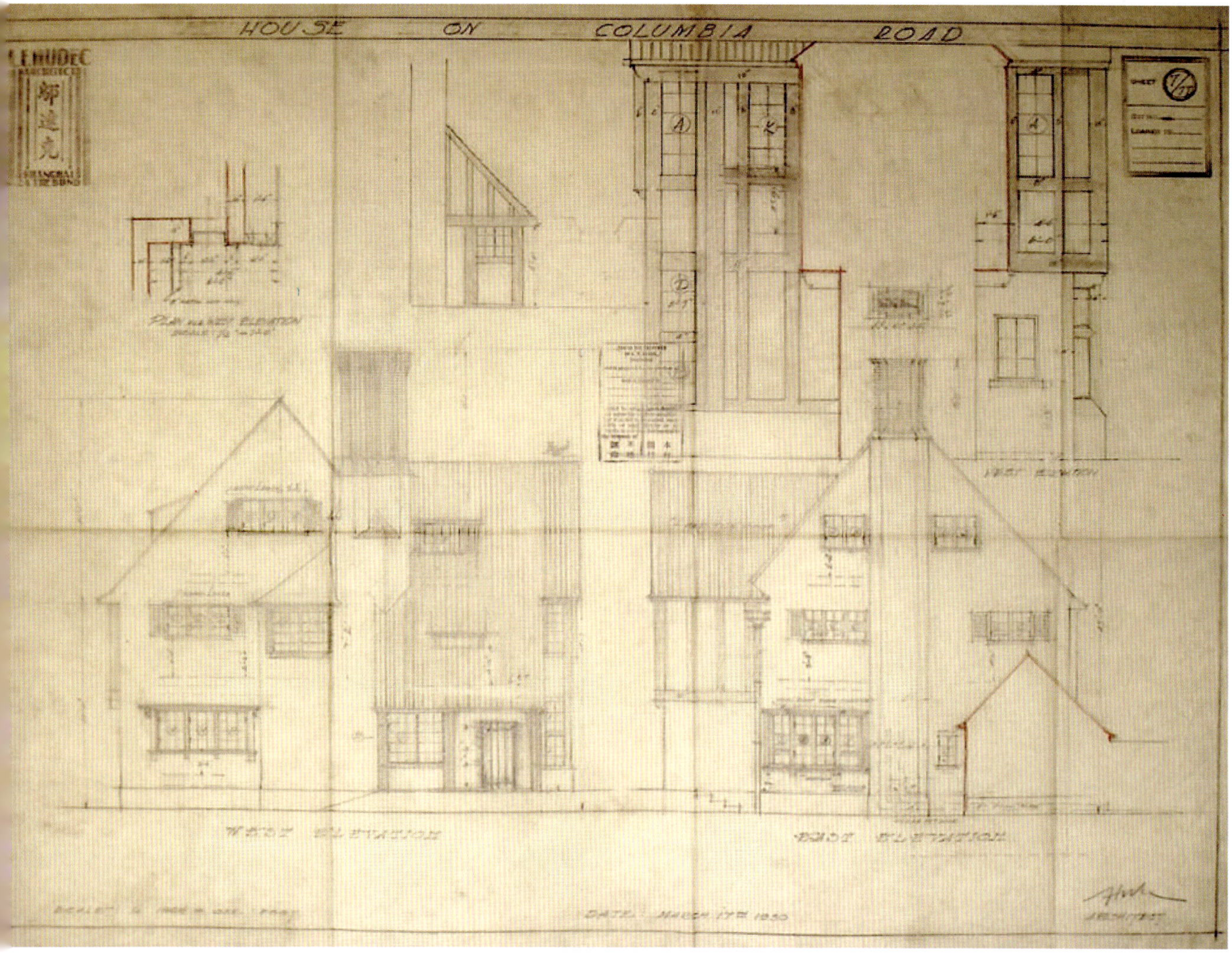

东西立面图纸

西立面旧影

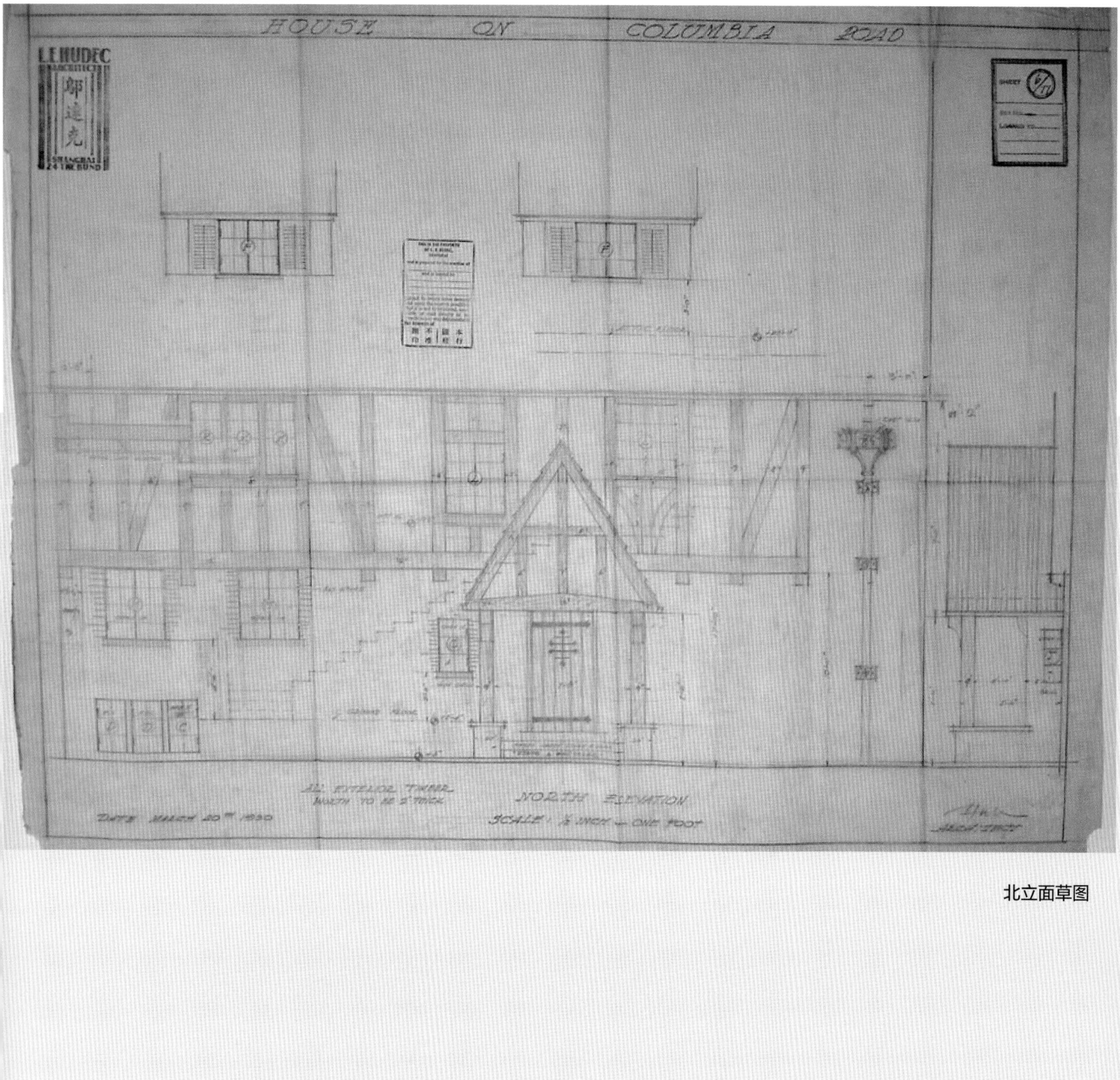
HOUSE ON COLUMBIA ROAD
L.E.HUDEC ARCHITECT
鄔達克
SHANGHAI
24 THE BUND
NORTH ELEVATION
SCALE: ¼ INCH = ONE FOOT
DATE MARCH 20TH 1930

北立面草图

北立面旧影

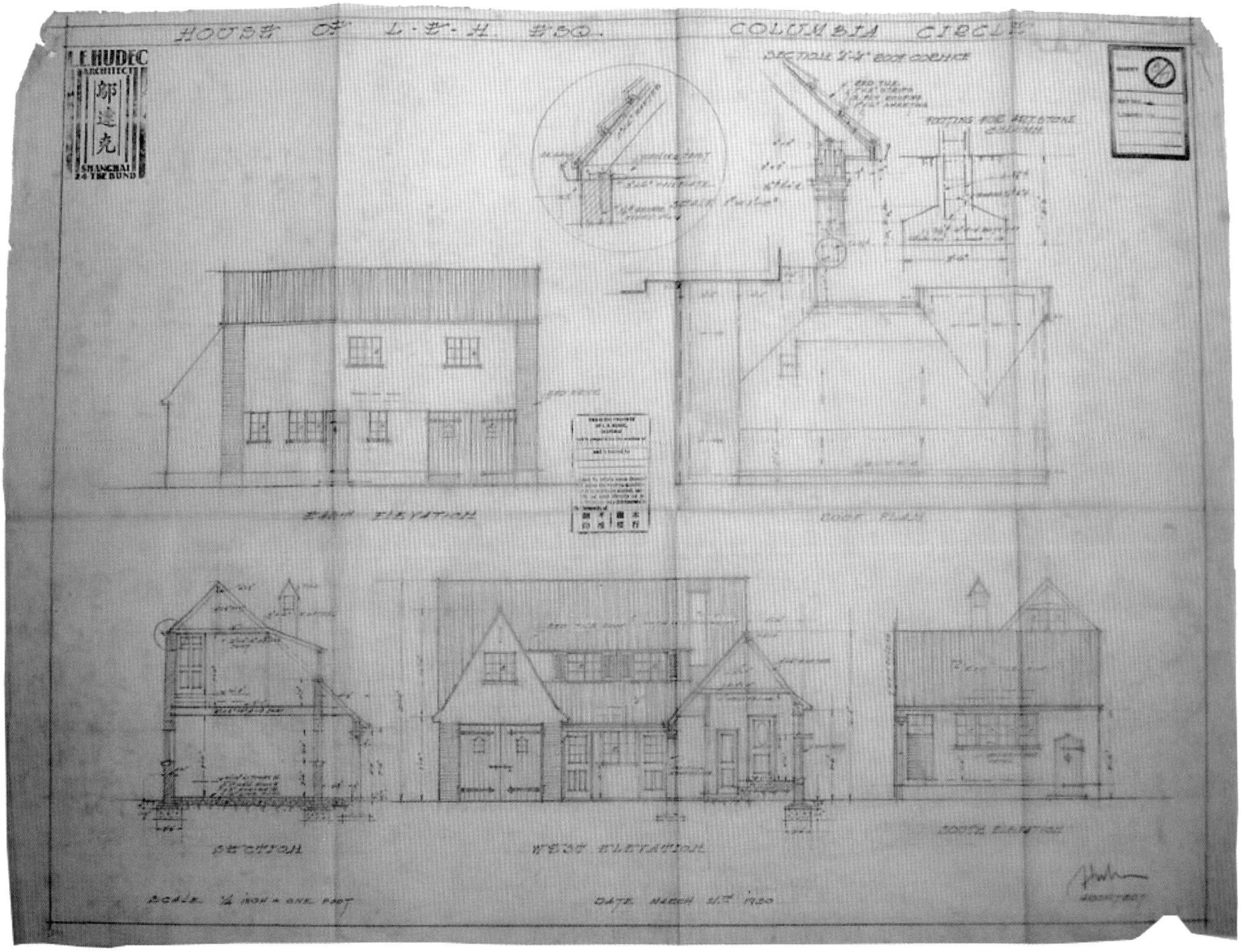

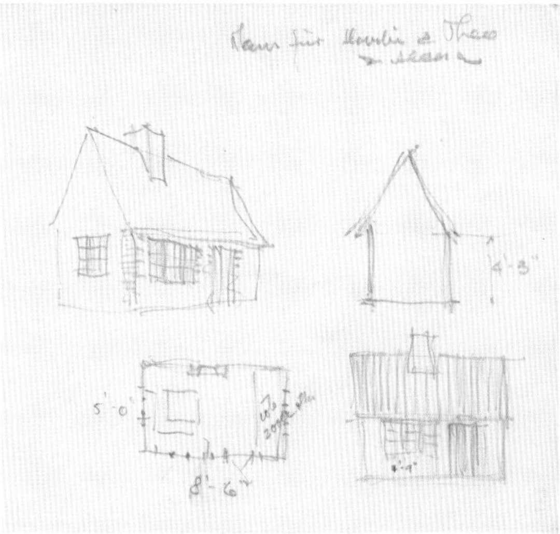

上：副楼图纸
下左：车库旧影
下右：副楼草图
右页：副楼前花园

旧居的内部空间与细部

从功能分区上看，旧居由主楼和佣人房两部分组成。主楼中辅助空间多数面北，而光线条件好的南面则用作起居室和卧室（二、三层）。从北侧的主入口进入，过了玄关处，是起居室。起居室西北角设书房，东侧为餐厅。联系一至三层的大楼梯安排在北侧，楼梯一气呵成，从一层走到三层不需拐多余的弯。

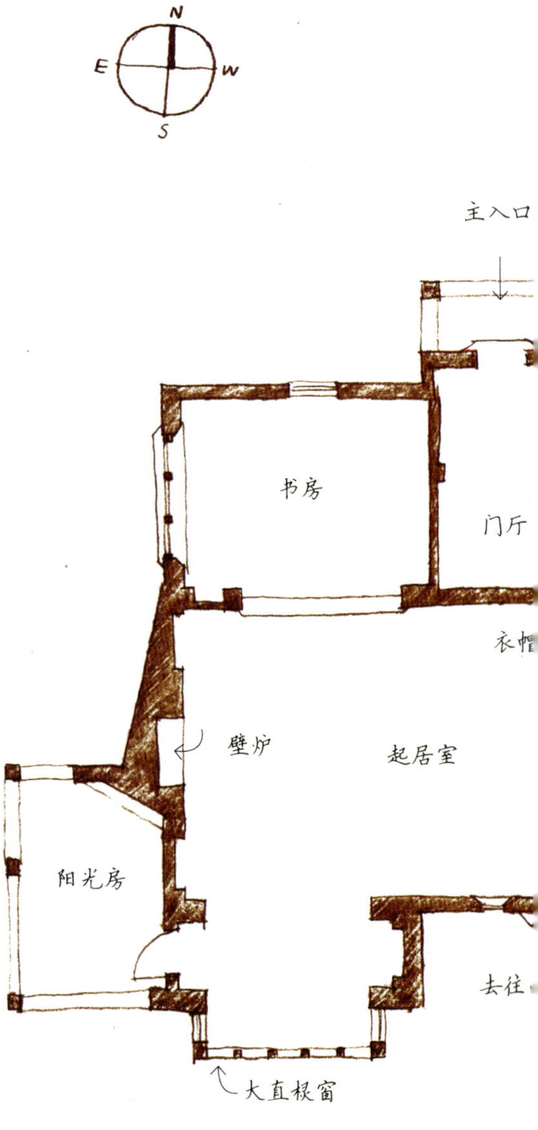

哥伦比亚路旧居底层平面图

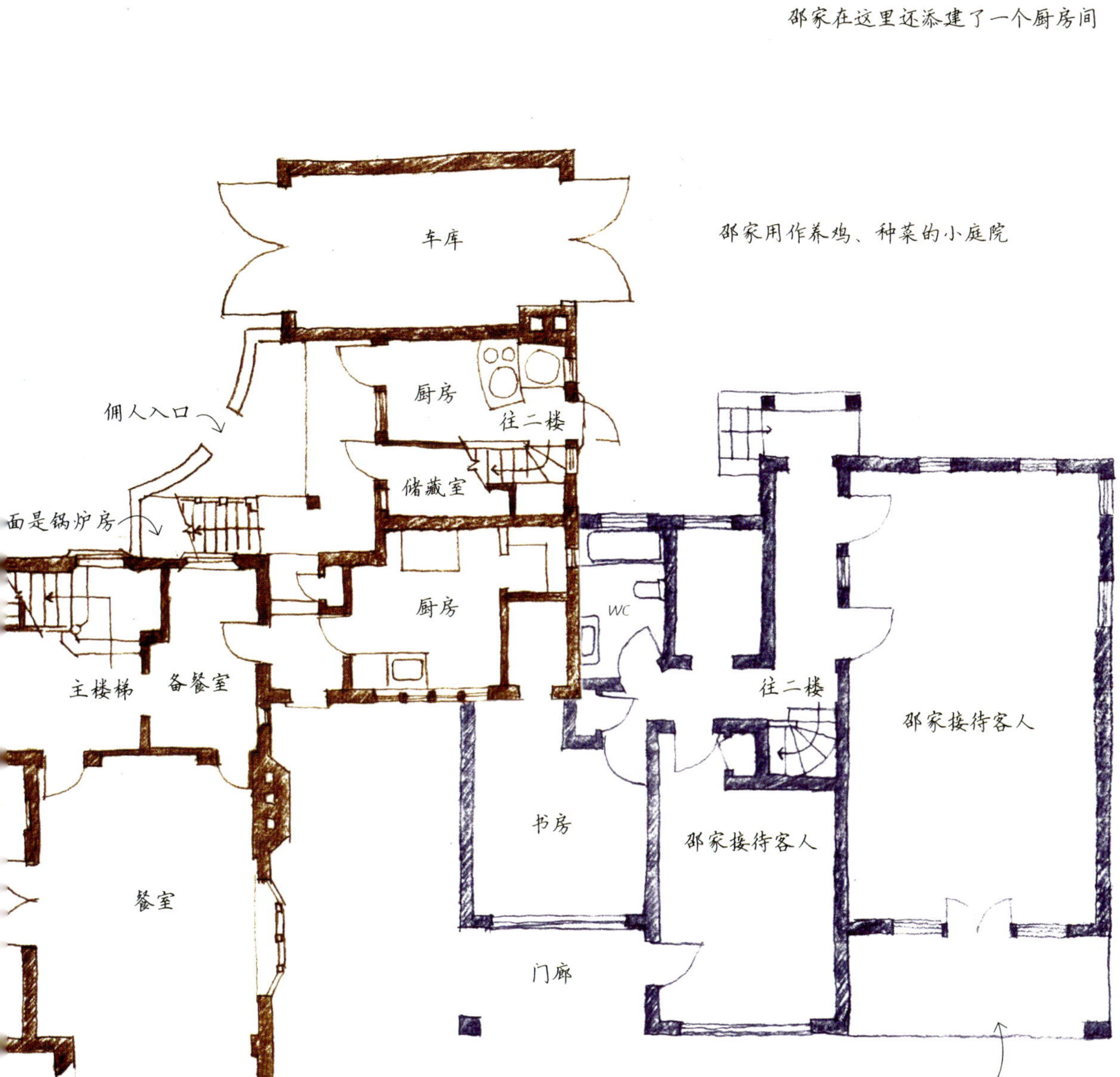
邵家在这里还添建了一个厨房间
车库
邵家用作养鸡、种菜的小庭院
佣人入口
厨房
往二楼
储藏室
面是锅炉房
厨房
WC
主楼梯
备餐室
往二楼
邵家接待客人
书房
邵家接待客人
餐室
门廊
蓝色的部分是邵家买下房子后的加建

旧居内部有很多有意思的小空间。凹进的壁炉空间对着起居室和餐室，用起来应该很舒服。住宅在合适位置通过墙体凹凸关系的变化形成丰富的壁橱或储藏空间，这些凹室的形成正是由于丰富的外部建筑形态与内部空间的触碰所赐。屋顶阁楼空间也被充分利用，在阁楼层，还有一个通向“阁楼的阁楼”的小楼梯。而西立面山墙顶部的五个小洞和挑出的小平台更是为鸽子的栖息提供了空间。想当年，这些小空间或多或少成了邬达克的儿女们嬉戏的场所。

楼梯

底层过道与楼梯

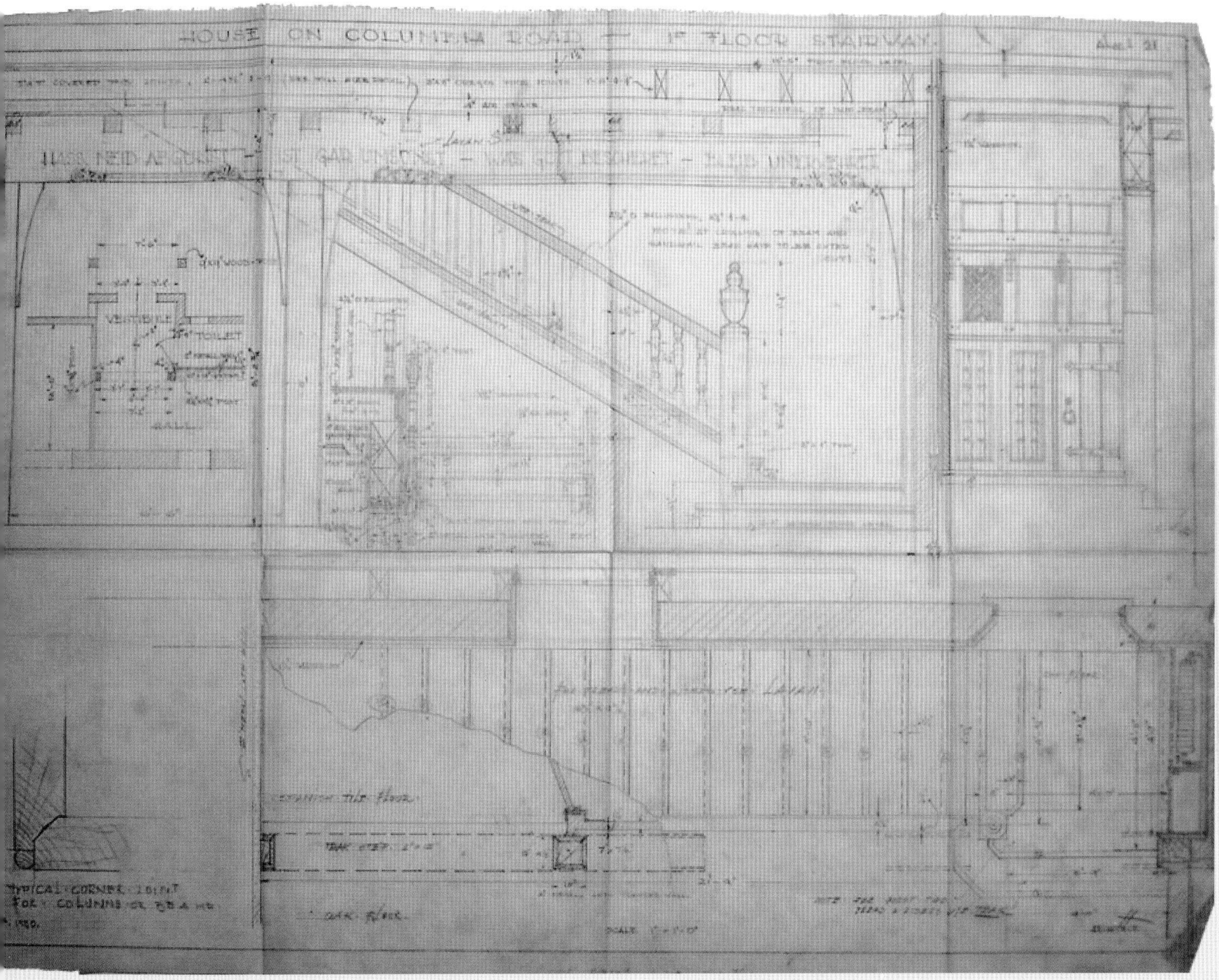
HOUSE ON COLUMBIA ROAD — 1st FLOOR STAIRWAY
VESTIBULE
TOILET
HALL
SPANISH TILE FLOOR
TYPICAL CORNER JOINT
FOR COLUMNS OR BEAMS
OAK FLOOR

楼梯图纸

玄关

玄关旧影

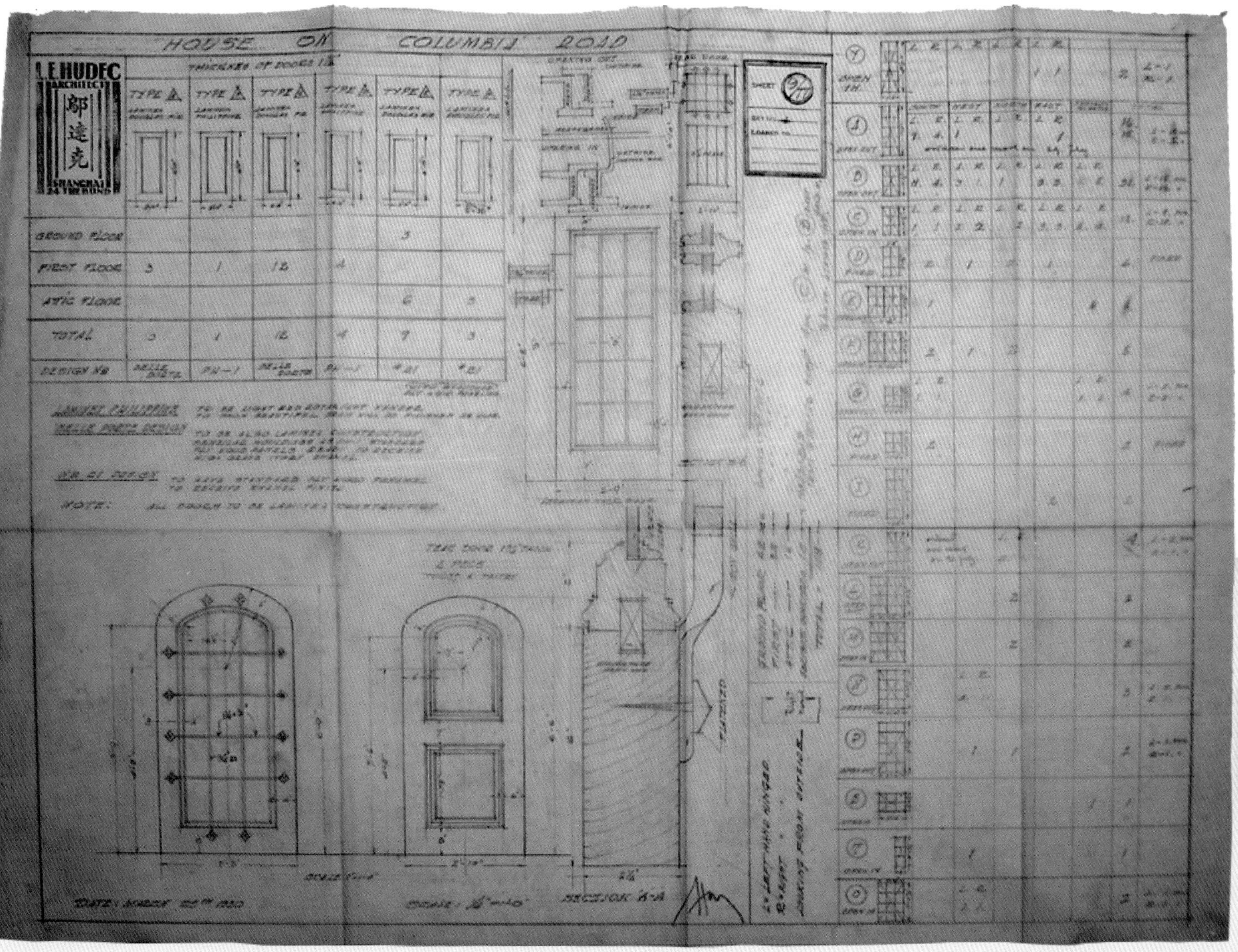
HOUSE ON COLUMBIA ROAD
L.E.HUDEC
ARCHITECT
邬達克
SHANGHAI
GROUND FLOOR
FIRST FLOOR
ATTIC FLOOR
TOTAL
DESIGN No
NOTE:

门窗表图纸

起居室

起居室旧影

邬达克手绘的起居室及餐厅北面草图

起居室南面旧影

邬达克手绘的起居室西面及南面草图

邬达克手绘的起居室室内展开立面（南面）草图

起居室旧影

邬达克手绘的起居室
东南角草图

起居室旧影

书房门口旧影

书房

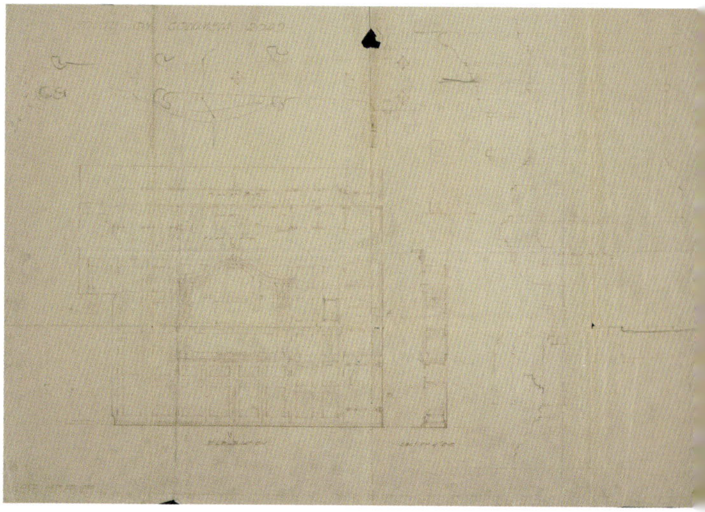

邬达克手绘的书房东墙壁板草图

书房旧影

从书房的窗口可以看到住宅西面的小花园
书房里的绘图桌也是从吕西纳路 17 号搬来的

餐厅

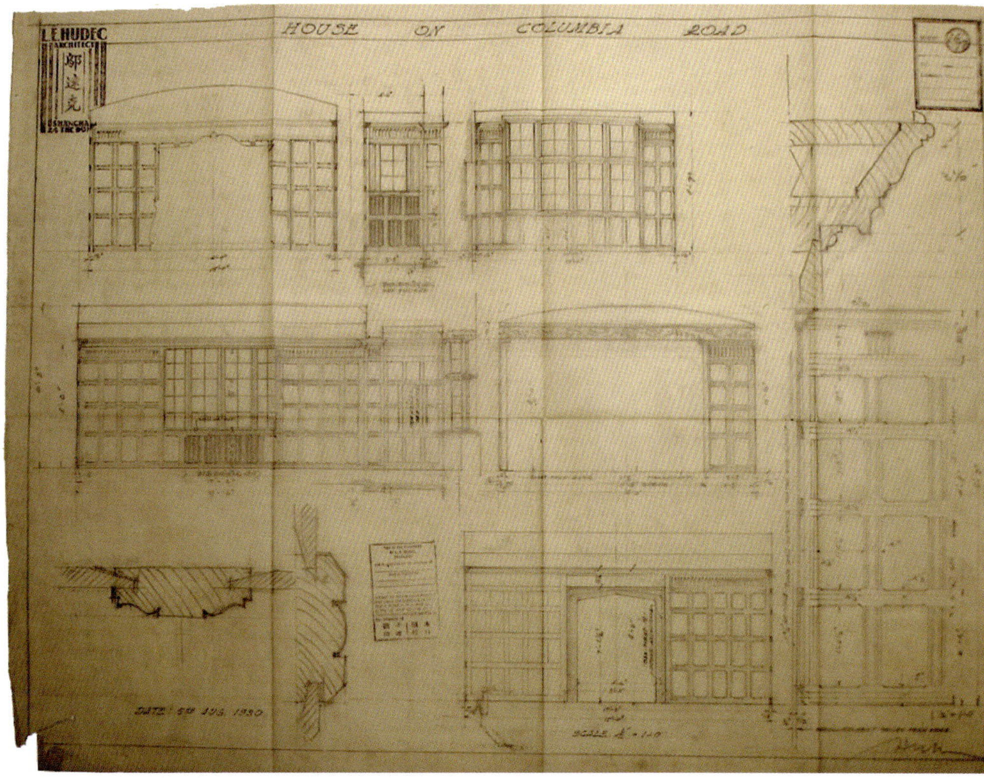

餐厅壁板图纸

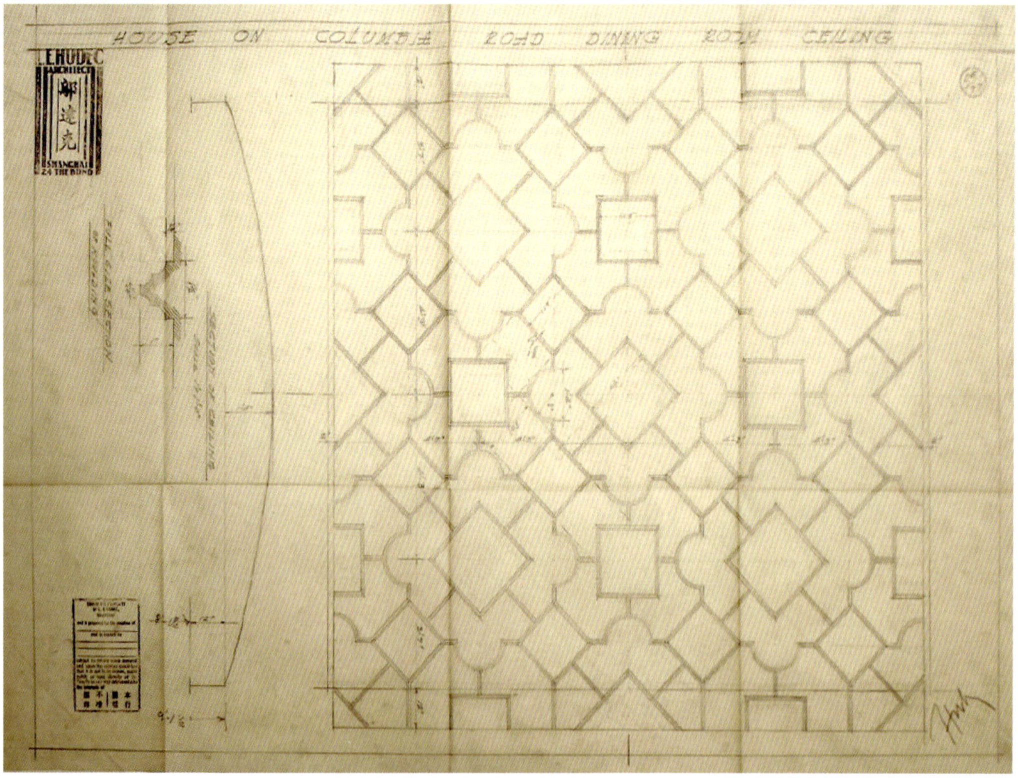

餐厅天花图纸

餐厅大门旧影

邬达克手绘的起居室北门边矮柜的外形草图

邬达克手绘的餐厅大门草图

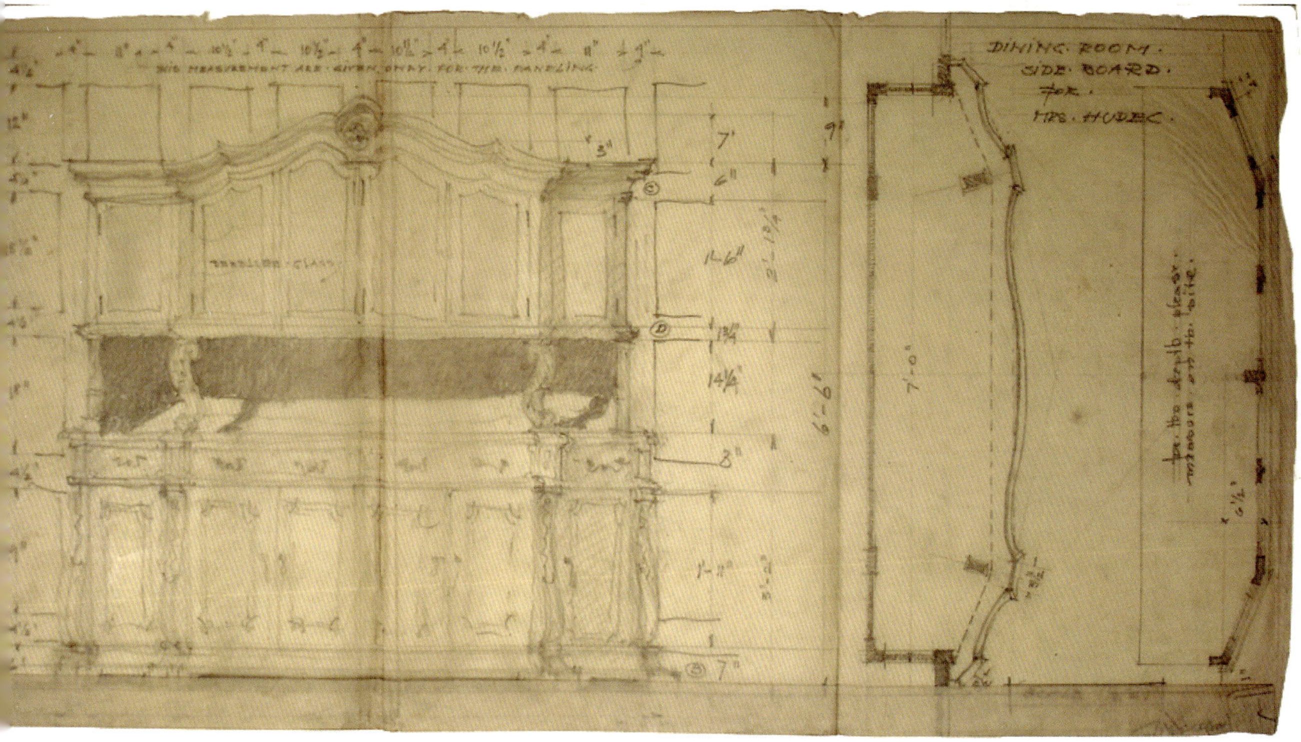

邬达克为吕西纳路 17 号设计的橱柜，哥伦比亚路 57 号的餐厅沿用了此设计

餐厅的椅子是邬达克设计的，
也是从吕西纳路 17 号搬来的

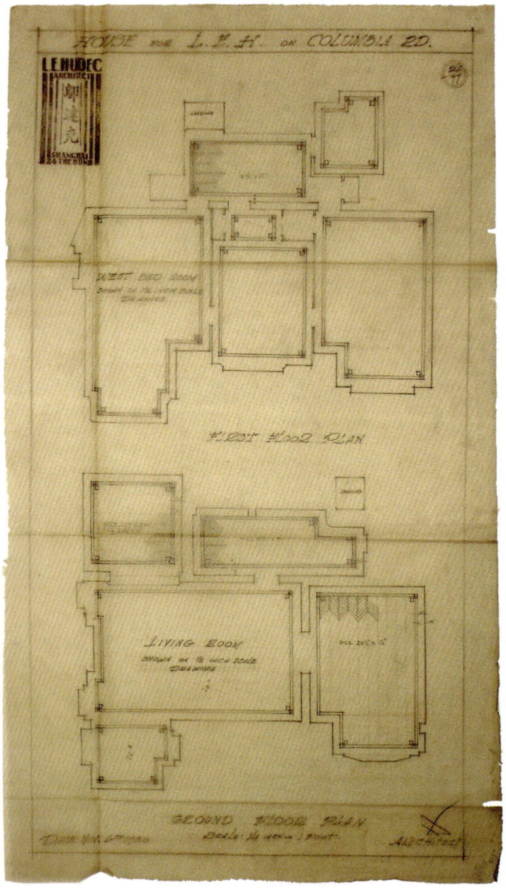

二层铺装平面图

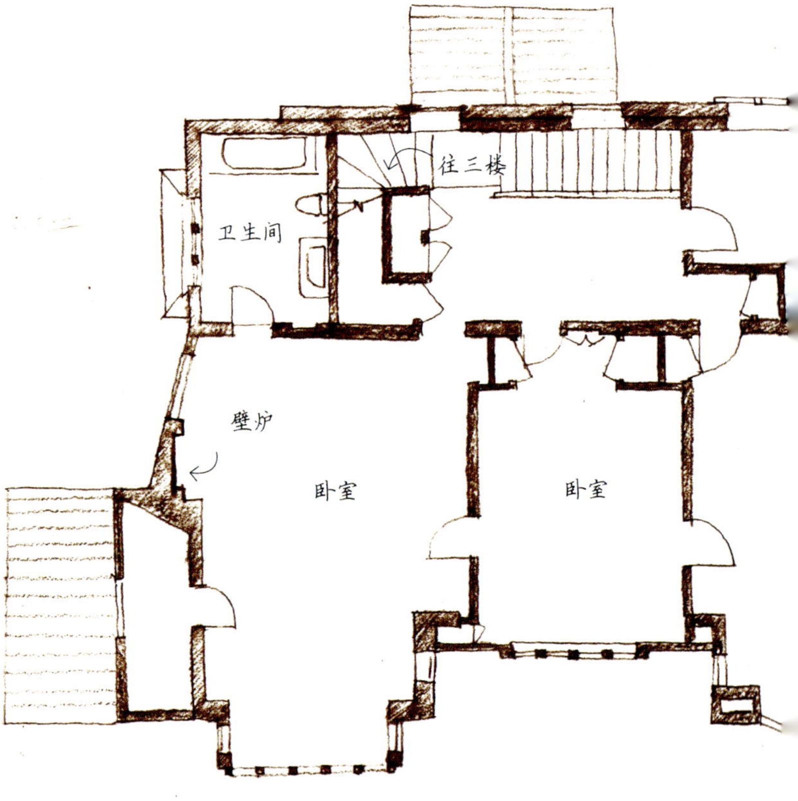

哥伦比亚路旧居二层平面图

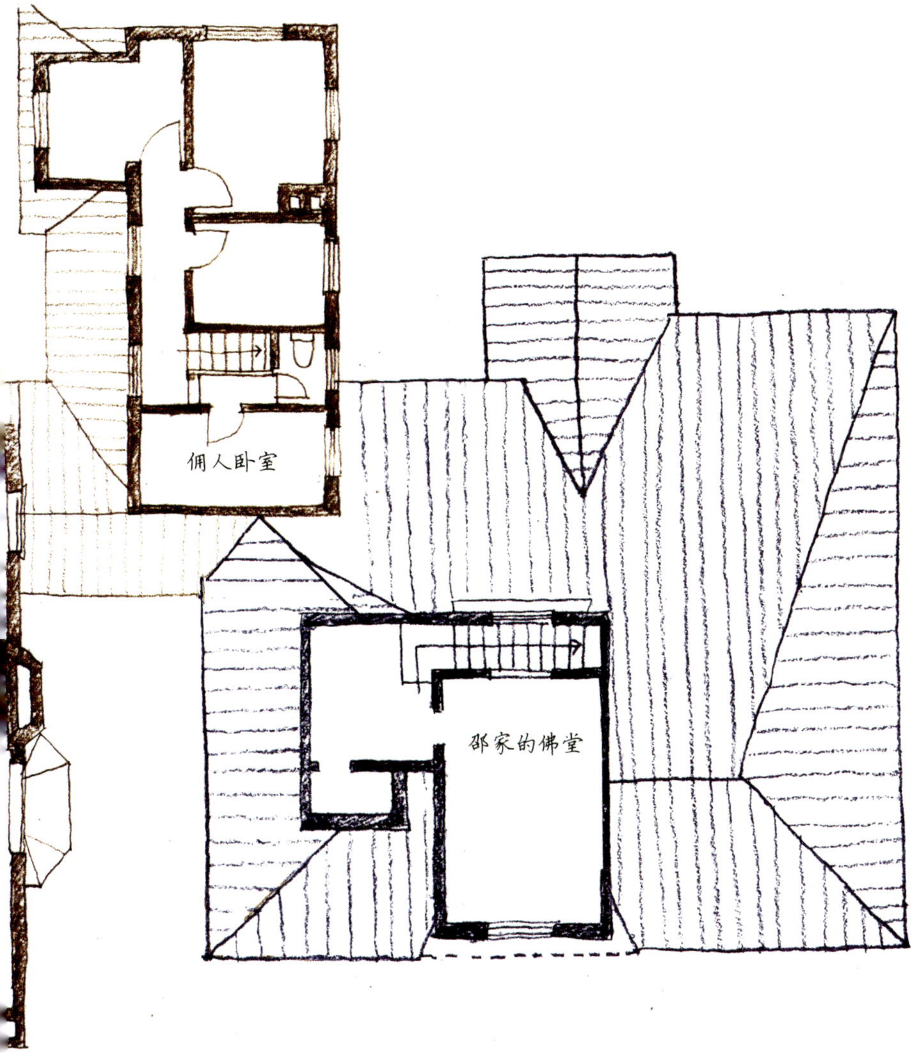

二层东卧室旧影

二层卧室

二层旧影

二层中间卧室旧影

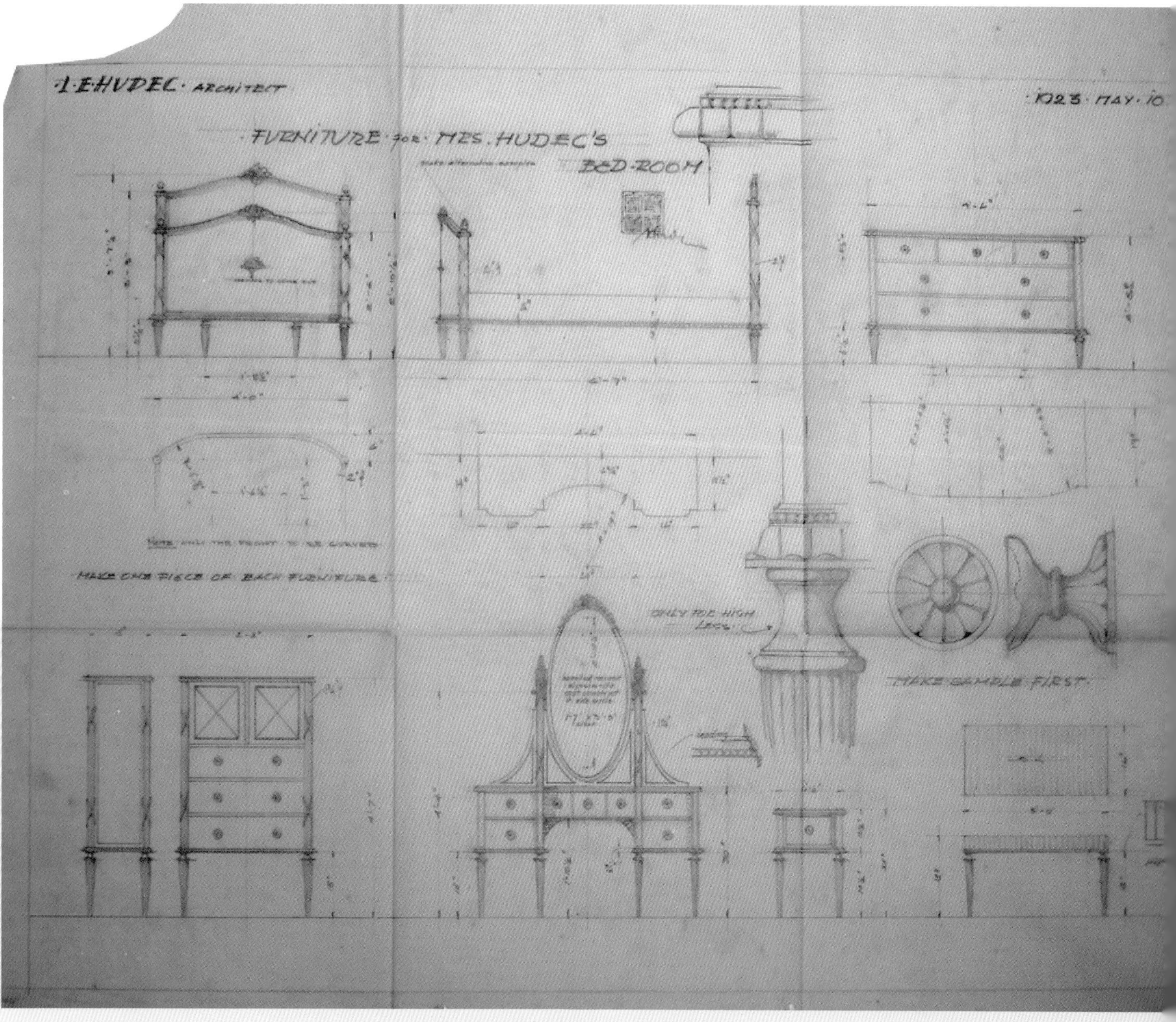
L·E·HUDEC·ARCHITECT
1923·MAY·10
FURNITURE FOR MRS. HUDEC'S BED-ROOM
MAKE ONE PIECE OF EACH FURNITURE
ONLY FOR HIGH LEGS
MAKE SAMPLE FIRST

床柜及梳妆台图纸

二层西卧室旧影

二层卫生间

二层卫生间立面图纸

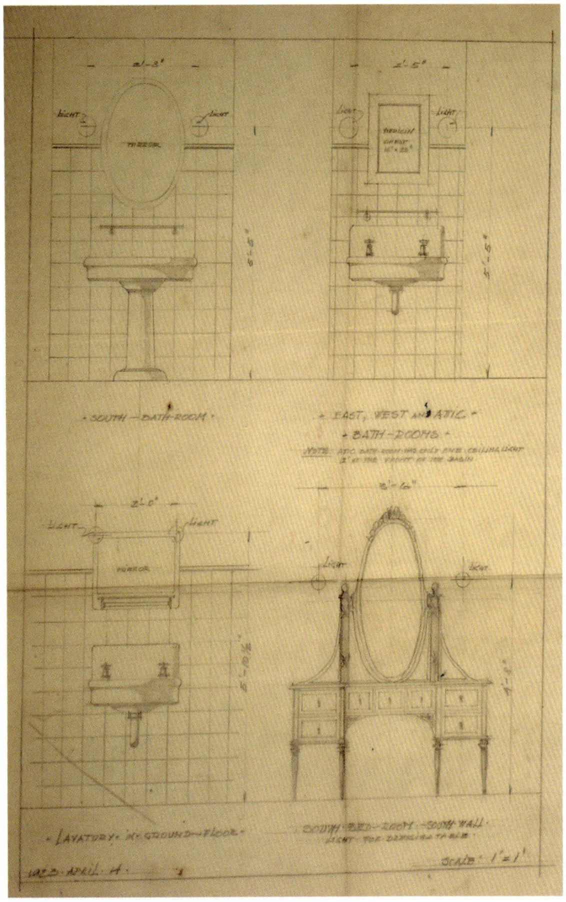

二层卫生间洁具立面图纸

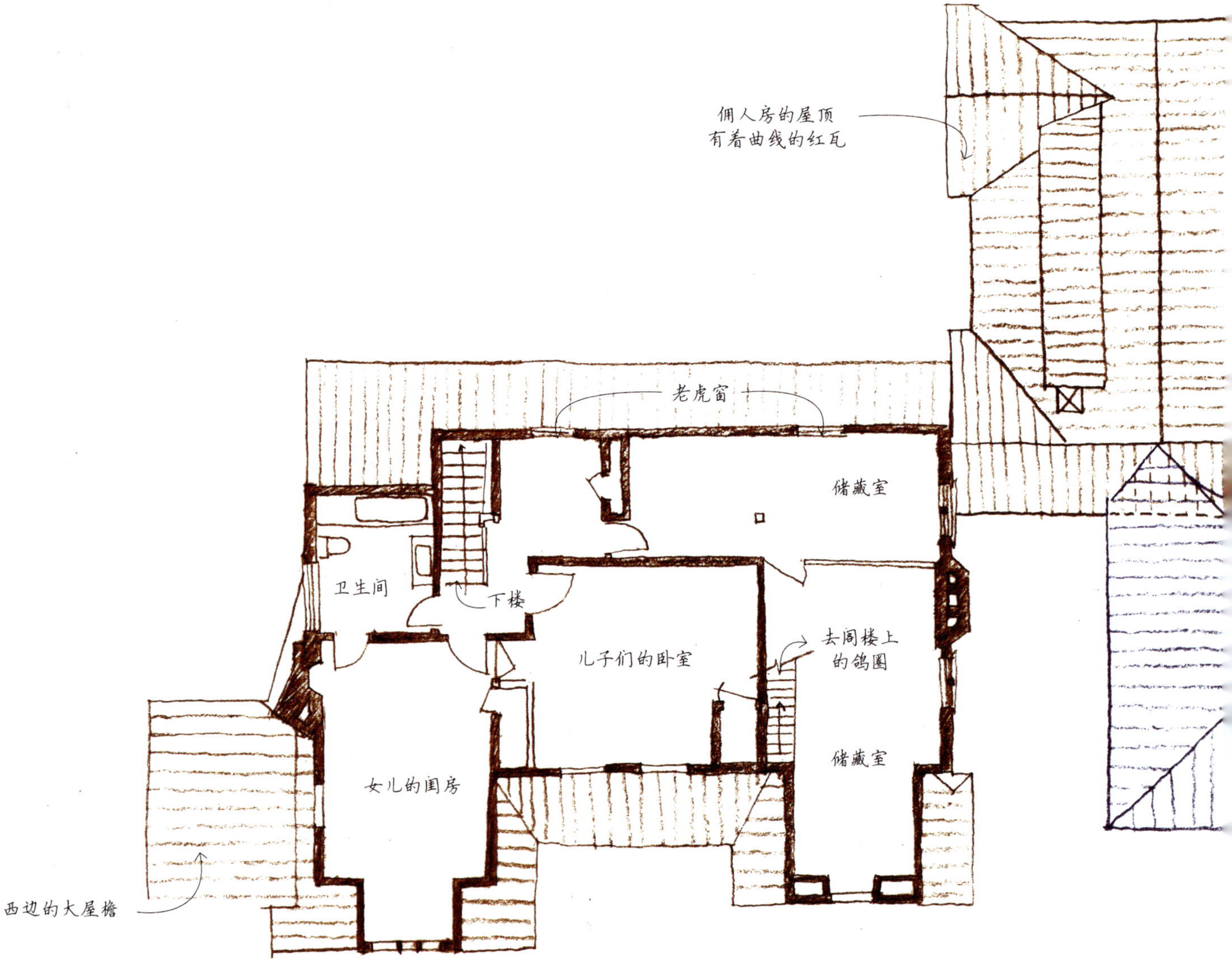

哥伦比亚路旧居三层平面图

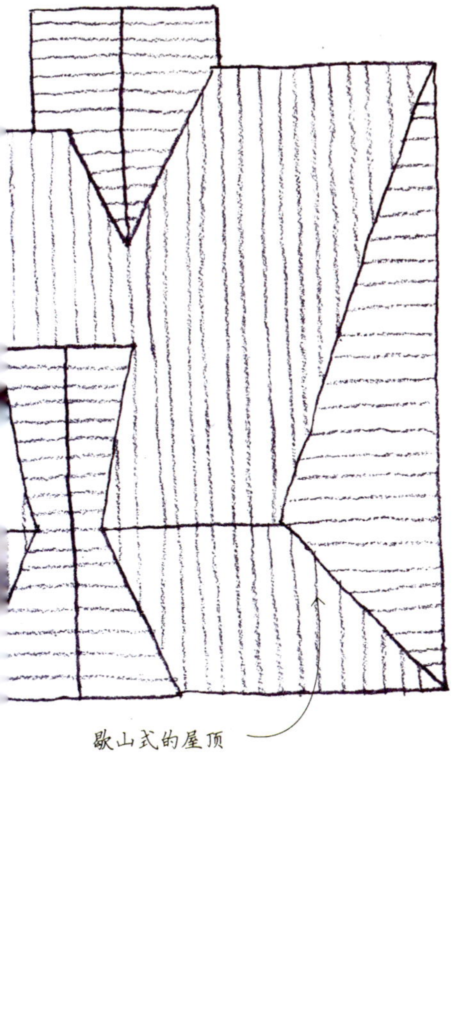
歇山式的屋顶

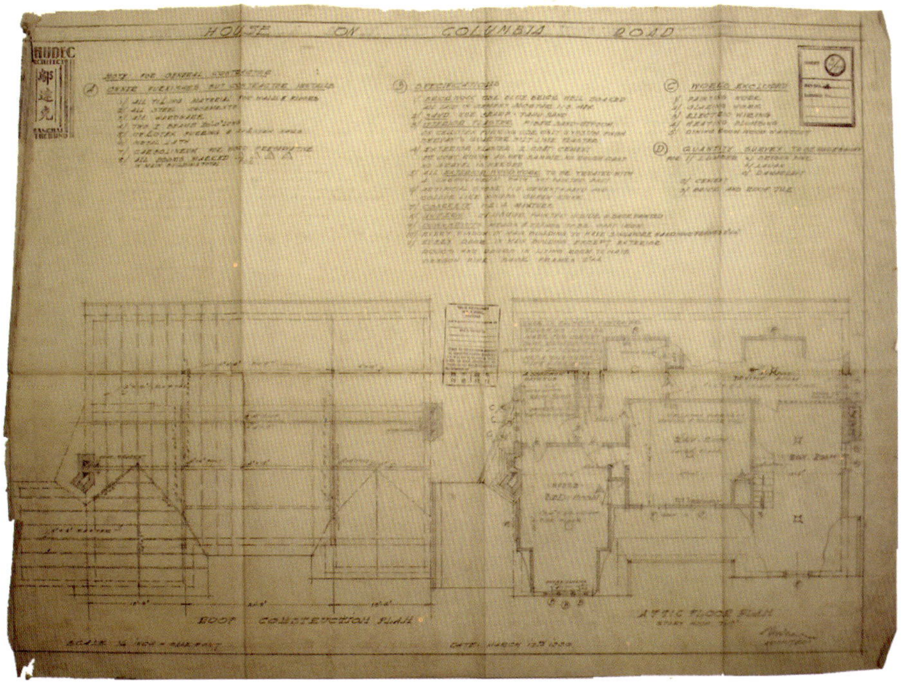
HOUSE ON COLUMBIA ROAD
ROOF CONSTRUCTION PLAN
ATTIC FLOOR PLAN

三层平面图图纸

旧居四周的土地

1933 年的一张上海市土地局户地地形图显示，旧居的宅基地编号为 F.C.3813，占地 5.269 亩，花园南侧及西侧的土地并未划分在内。也就是说，在隶属法华区的这边土地上，当年上海市土地局给予了旧居永租契。在 1934 年 9 月 4 日的地形图上，属于旧居花园南侧的一块占地 2.657 亩的土地上被划分出了四栋小型独立别墅的宅基地。而旧居的西侧花园沿街一侧也布置了一栋别墅的宅基地。但是，从 1947 年的《上海市行号路图录》上看，当时旧居的花园仍然同 1930 年的设计稿上的面积一般大，因此这些别墅应该从未被建造。与此同时，旧居北侧土地，即今天的平武路两侧，土地也被细分建起了带小型花园的联排别墅。由此可以看出，1930 年代早期，哥伦比亚路周边的土地已经逐渐从原来的农村的宅基地转变为别墅住宅地。

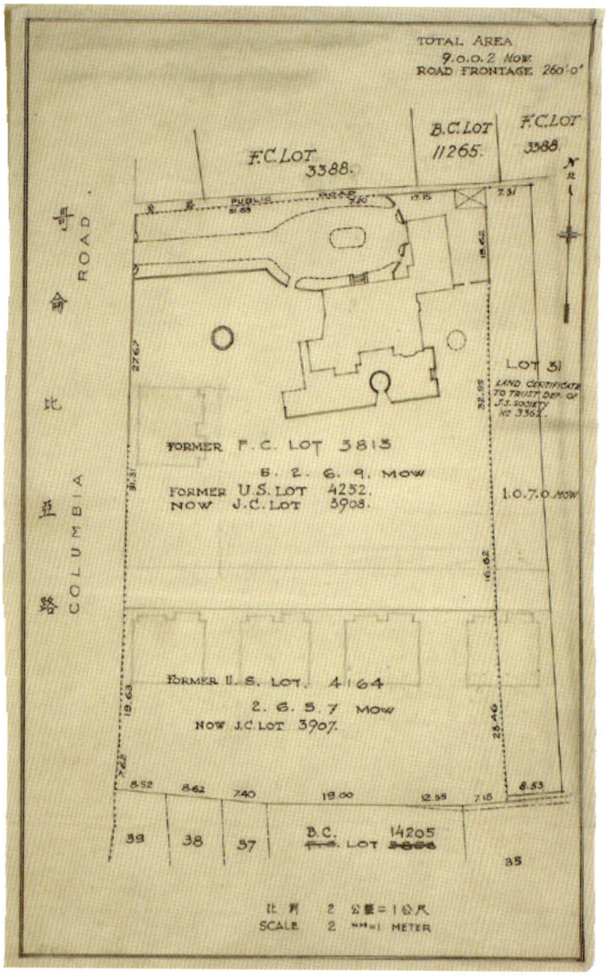

1934 年 9 月 4 日绘制的地形图

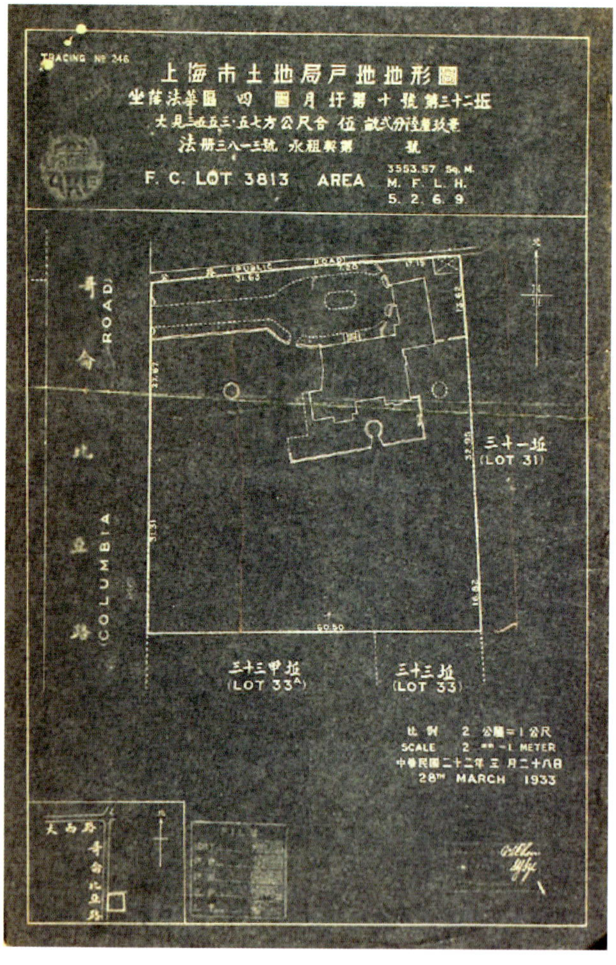

1933 年上海市土地局户地地形图

旧居的建造

邬达克旧居的建造是由邬达克的朋友、著名的营造商陶桂林所办的馥记营造厂所承建。1930 年 7 月至 11 月，随着旧居建设工程的展开，邬达克陆续绘制了窗台、楼梯以及室内铺装、厕所立面和天花吊顶的细部图纸。窗户由内侧的木质纱窗及外侧漆白的钢质玻璃窗组成。窗台前的空间也很宜人。建筑采用了空心墙（即两层砖墙，中间还留了一块砖的宽度）砌筑，有着良好的隔温性能。同时，窗台比较宽，光线进入建筑的方式也更柔和了。窗洞面积并不大，但多数房间都是两面采光的。住在里面，应是冬暖夏凉。而诸多室内的家具和镶板，则是邬达克凭借与教会的关系让徐家汇土山湾孤儿院的小木匠们帮忙打造的。

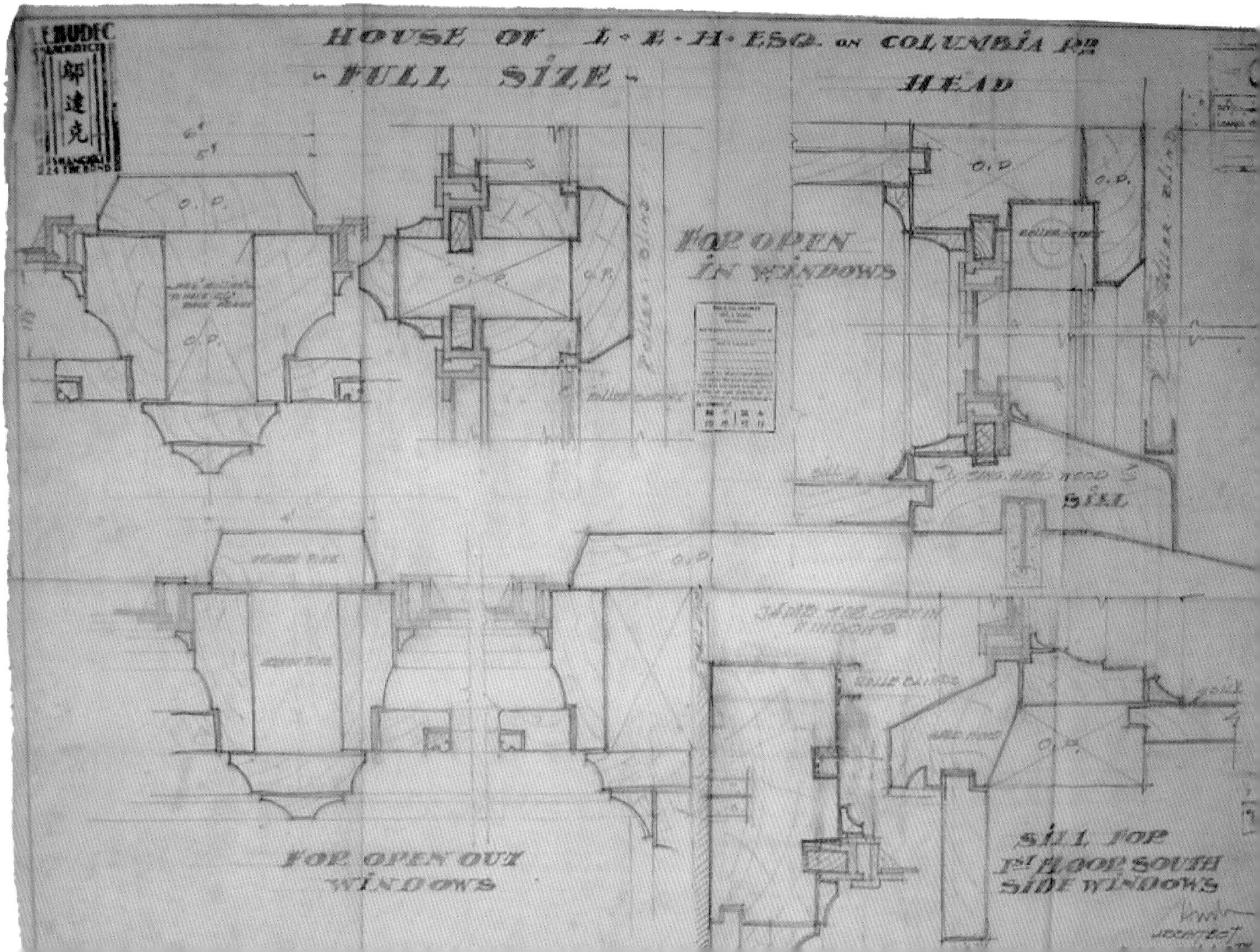

邬达克与旧上海营造商

陶桂林

承建哥伦比亚路邬达克旧居的是旧上海最著名的营造商陶桂林创建的馥记营造厂，这是近代上海以及全国规模最大的营造厂。陶桂林与邬达克在中西女塾、宝隆医院、刘吉生住宅（今上海市作家协会）、交通大学工程馆、国际饭店等项目中多有合作。

96岁时的陶桂林

陶桂林（1893.12.20-1992.10.31），字逢馥，江苏省南通吕四（今启东市吕四镇）人，祖辈是渔民。1904年12岁时，到上海香港路上的福生木器店当学徒。四年满师后，掌握了精巧的木匠技艺，受雇于一家木器厂，每晚到夜校自费学习英文，英文听说读写能运用自如。1916年至1922年，先后受聘于美商中国营造公司、美孚洋油公司建筑部、美商聚丰建筑公司任木工翻样和工地监工、工地主任。1919年至1922年间主持了中西女塾、字林西报大楼（今外滩桂林大楼）工程的施工，又为余洪记营造厂主持四川路桥邮政总局大厦工程。1922年30岁时，在戈登路（Gordon Road，今江宁路）上创办了馥记营造厂，即刻承建上海俭德储蓄会、上海宝隆医院等。他在工程中不仅熟练地运用西方先进的建筑技术，而且讲质量、信誉，三四年后，馥记营造厂在上海滩上有了一定声望。

1951年，陶桂林与家人在巴西合影

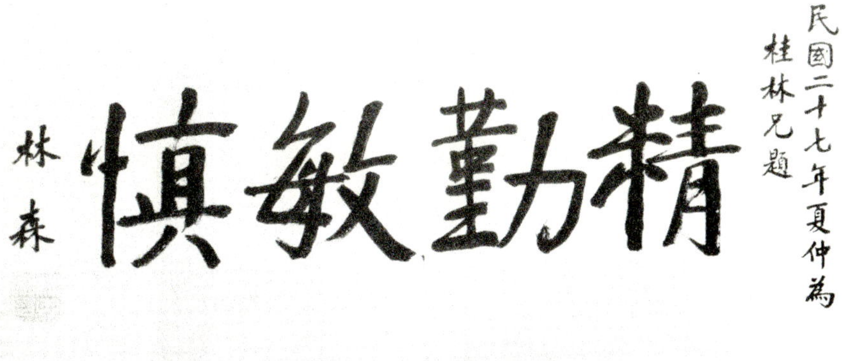

林森为陶桂林题辞

于右任为陶桂林题辞

1947 年，陶桂林与夫人杨秀桢在南京

1965 年，陶桂林在台北家中过生日

1985 年，陶桂林与四子陶锦硕在洛杉矶

1932年，国际饭店建造中

1926年，陶桂林在上海发起成立中国建筑协会，互相研究、切磋国外先进建筑技术。1930年，在家乡吕四镇创办志诚土木建筑职业学校，免费供家乡子弟求学并培养建筑工程技术人员。

1928年，馥记营造厂承建广州中山纪念堂；1930年，承建南京中山陵（三期）工程，这两项具有重大意义的建筑，奠定了陶桂林在中国建筑界的地位，各地业主慕名而来，要求馥记营造厂承建大型工程。陶桂林先后在南京、广州、汉口、贵阳、重庆等地开设分厂。自1927年至1937年抗日战争爆发前，馥记营造厂承建的重大工程有：

上海的国际饭店、大新公司（今上海第一百货商店）、公和祥码头；南京的中国银行、馥记大厦（今南京鼓楼百货商店）、灵谷寺阵亡将士纪念塔；杭州的浙江农业大学、农林学院；青岛的海军船坞；厦门的美国领署；重庆的美丰银行等等。陶桂林的事业达到鼎盛时期，年完成工程额达几百万银元，高峰时全厂职工近两万人。其中尤以1932年在上海仅用22个月的时间建造起“远东第一巨厦”——国际饭店而蜚声海内外。

1944年，为配合抗战后的建设，馥记营造厂改组为馥记营造股份有限公司。1949年，公司迁移台湾，再组建台湾馥记营造股份有限公司，在台期间承建了多项建筑工程。一年后，公司主要由次子陶锦藩经营管理。1951年，陶桂林赴美国定居。1973年81岁时退休，辞去台湾馥记营造股份有限公司总经理之职。

广州中山纪念堂

大新公司
（今上海第一百货商店）

上海交通大学工程馆

建造国际饭店时的陶桂林

王才宏

王才宏是邬达克合作最亲密的营造商。1947年2月上旬，邬达克全家悄悄离开上海，此事只有一个人知道，就是邬达克的总承包商“王先生”——王才宏。有关王才宏先生的图文资料甚少，据《上海建筑施工志》中“人物篇”的“王才宏”和李晓华先生的《营造商眼里的设计师邬达克》（《上海城市发展》2011年第5期）介绍：

王才宏（1898-1987），浙江省鄞县人，其父是货轮上的二副。王才宏幼时即到上海读书至初中毕业。上海建筑界老前辈、“宁波帮”首领张继光见王才宏聪明好学，通过自学达到能和建筑师用英语对话的能力，后来将侄女许配给他。1914年，张继光将王才宏介绍到裕昌泰营造厂的谢秉衡处当练习生。王才宏参加了工部局大厦、怡和洋行、麦边洋行、天祥洋行等几项大工程的建设，积累了丰富的施工经验。同时他上夜大学攻读英语和建筑技术，成为谢秉衡的得意门生之一。王才宏在施工中结识了著名建筑师邬达克，邬达克对王才宏的精明能干十分欣赏。在邬达克的鼓励下，王才宏于1925年自创洽兴营造厂（Yah Sing Construction Co.），后将办公室也设在邬达克设计的圆明园路209号浸信会大楼806室。

洽兴营造厂第一项工程就是1928年承建邬达克设计的闸北发电厂。王才宏晚上在家里研究图纸，白天泡在现场上指挥施工，工程进度、质量均符合要求。邬达克对他更加信任，将自己设计的许多工程都叫王才宏承建，如1930年至1932年承建圆明园路上的浸信会大楼和虎丘路上的广学会大楼，1931年承建圣心医院和1936年承建圣心女子职业学校（今长城饭店），1932年至1934年承建国际饭店基础工程。现北京西路铜仁路转角上的“绿房子”是邬达克1935年设计的得意之作，王才宏在施工中很好地体现了设计意图，使这幢房子成为上海近代建筑史上具有鲜明现代风格的代表作之一。邬达克为人脾气暴燥，看不顺眼的事连骂带打，别人都十分怕他，只有王才宏敢于据理力争，但两人关系始终十分密切。邬达克的产业邬培德公寓（Hubertus Court 即达华公寓，今达华宾馆）也是1937年由王才宏承建的。邬达克参加组建的联华地产公司与洽兴营造厂之间经常进行资金串换调剂，王才宏的儿子王重德1945年从沪江大学建筑系毕业后，王才宏介绍他到邬达克打样行做绘图实习，此足见两人关系之深。据王重德回忆：那时，邬达克把达华公寓底层的私人图书室开放给实习生用，邬达克自己担任管理员，说到书名，他马上能找到，那些书上都有他的阅读记号，邬达克的学习精神从这可见一斑。

1946年8月，邬达克打样行因被控囤积居奇、扰乱市场被国民政府查封，邬达克一家在达华公寓平静生活也被打破，软禁在家不能随便外出。近30年后，邬达克再次面临身陷囹圄的威胁。

邬达克开始考虑离开上海，这个他生活了近30年的城市。他谁也没有通知，只有与他交往近20年的老朋友王才宏默默地帮助他。邬达克将他所有的文件、书信、笔记、书籍、家具等悄悄地打包并分批托运。为掩人耳目，搬空的书架和房间用硬纸板伪装起来。离开上海的前一天晚上，邬达克妻子与其女友照常打牌，而邬达克则照旧与其朋友在俱乐部聚会。

1947年，离开上海的邬达克，将打样行交给王才宏之子王重德管理，实际上打样行已无设计业务。王才宏仍经营建筑，为招商局建造码头、仓库、宿舍，为华商电气公司、华丰造纸厂建造厂房，业务依然相当兴旺。1949 年，王才宏携家人赴香港做了一年多建材贸易，因年事已高遂歇业当了寓公。1987 年回上海探亲时，突然发病逝世。他的两个儿子分别在香港和上海从事建筑业。

洽兴营造厂承建的闸北发电厂

洽兴营造厂承建的浸信会大楼

2.3 邬达克离开后的旧居

邵修善

邵修善，1911 年出生，浙江省镇海人。其父邵雨康为上海荧昌火柴公司的创办人。1930 年邵修善中学毕业后，又在沪江大学夜大读了两年，专攻商业。1934 年先后创办了大明火柴公司、大华火柴公司、华昌火柴梗片公司，生产“大明”“喜鹊”“百子”“救国”“南京”五个牌子的火柴，在火柴行业颇有建树。1949 年，全家去美国定居。1954 年 12 月，因车祸在美国去世。

1937 年，邬达克将房子租予一名德国驻沪领事，自己则携妻女搬到了不远处刚刚落成的达华公寓底层。邬达克一家在哥伦比亚路乡村别墅的短暂生活也就此结束。

在 1943 年至 1944 年间，德国领事搬出了哥伦比亚路 57 号，邬达克把房子转卖给了大华火柴公司经理邵修善。

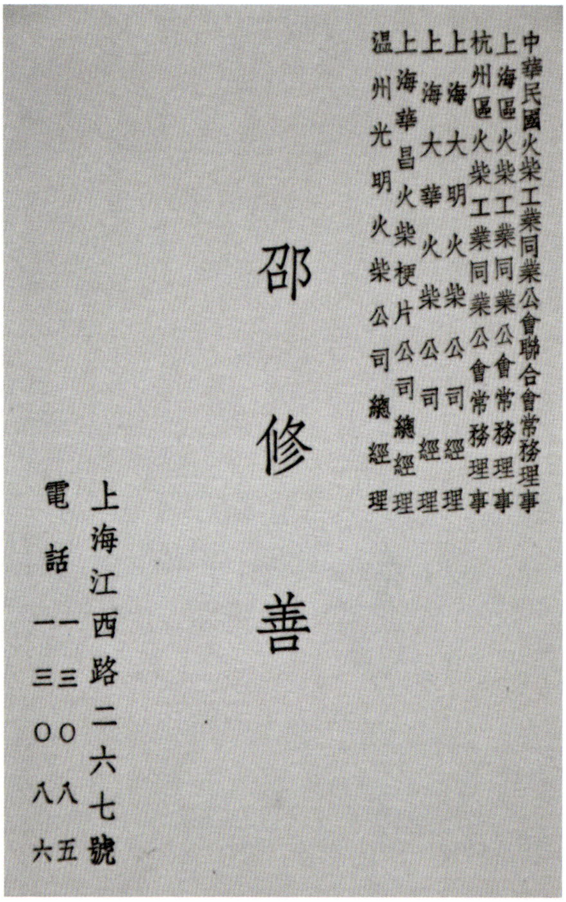

邵修善的名片

邵修善随后即在旧居的东侧建了一栋立面风格与主楼相仿、屋顶略带歇山顶的屋子作为他母亲念佛之处。入住了旧居后，邵家过上了与邬达克当年在旧居一般的带有 10 个仆人的生活。这是旧居最后一次为一个家庭所拥有。

邵修善女儿在旧居前留影

1949 年，邵修善举家搬离后，哥伦比亚路旧居由邵氏的姐姐代为看管。1955 年，友勤企业地产公司将哥伦比亚路旧居出租给上海华通开关厂使用，旧居成为工厂的一个车间。

1963 年，长宁区教育局将旧居作为教育用房给刚刚建校的番禺二中、长宁区第二职工中等专科学校等使用，作为学校办公室和教工宿舍。番禺二中将校舍和操场选在了旧居南边的花园之上（即现在基地上的旅游职业专科学校），昔日的花园成为了四层楼高的教学楼和水泥操场。

邵修善女儿旧影

当年番禺二中的老校长曾毅后来回忆道："129 号小洋楼底层用作体育办公室和放体育器械用品，楼上有单身男女青年教师宿舍。东

边是教职工食堂，小楼住有食堂员工。‘文革’中，小洋楼还成为多个红卫兵的办公室……”

1980 年代，旧居的产权收归于政府，并继续为长宁区教育局代管。后来成为上海市旅游事业管理委员会办公室，作为培训中心。两棵广玉兰不知何时紧挨南立面渐渐茂盛起来；周围的建筑也渐次围绕着旧居茂盛开来，越长越密致。旧居西边最初的对着邬达克书房卵形花园上也建了新房子，之后成了一家证券公司。几年之前，又改建成了一家酒店公寓，后来成了一家月嫂中心。于是今天在番禺路上要找到它那是需要一定眼力的——你得穿过酒店底层架空的一条通道才能到达旧居。

就这样，邬达克旧居建成之后不断变更的使用者在它身上留下了不同的故事。建筑的有趣之处在于它并不是一个一次完成的艺术品，而是一个容器，它建成之后的时光慢慢地打磨它，使得它的阅历愈加丰富。

虽然对于邬达克的哥伦比亚旧居的变迁，我们已经有了大量的资料，然而一些地方还是存在着疑问。比如 1937 年至 1943 年德国领事在旧居的生活，我们一无所知；大约在 1944 年间建造的旧居东侧歇山式的小屋，我们还不知道它的建筑师；而 1949 年以后旧居逐渐分给不同家庭的历史，也没有在旧居留下任何的痕迹；建筑师邬达克在营建自己的家时并不能预见它的未来，而如今那个“未来”也湮没在历史的尘埃里。

邵修善的女儿们在旧居的留影

邵修善家人在旧居的留影

邵修善修建的小屋旧影

旧居主人的一封信

2012年，邬达克旧居的修缮投资方联系到了旧居曾经的主人、定居美国的邵修善的女儿Stella。她大姐邵珠瑛的丈夫是陶桂林之四子陶锦硕。当年在美国，正是孙科介绍陶家的儿子陶锦硕娶了邵家的女儿邵珠瑛，之后很偶尔聊起才知道当年邵家买下的邬达克的房子是陶家老先生陶桂林的馥记营造厂建造的。Stella写信回忆了当年在旧居生活的场景以及邵家与邬达克旧居的故事。

“在1943年至1944年间，第二次世界大战接近了尾声，而我的父亲就从邬达克手中购买了这套房子。我们以前以为我的父亲是从德国领事手中购买的这套房子，但是通过邬达克的记录，德国领事只是从邬达克手中租借了这套房子。我的父亲在1943年至1944年的某个时间购买了这套房子，而且购买了德国领事遗留下来的餐厅、起居室、厨房和书房里的家具，同时，他立即开始建造别墅东边的小房子。我们不知道谁是这个小房子的设计者，但是我们相信我的父亲和一个建筑公司一起工作来修建了和大房子同样设计风格的这个小房子，这样它们才能匹配。同时，我父亲认为这个楼上带有私人佛堂的小房子会非常适合我的祖母，即他的母亲，因为我的祖母是一个虔诚的佛教徒。同时，他开始从世界各地购买植物和树来建造5英亩的前花园，作为所有孩子们的玩耍场地。另一个需要补充的是，修在我祖母房子后面的那个与主楼分离的中餐厨房，它带有一个用于养鸡、养鸭和种蔬菜的庭院。几个佣人房被建造在分离的车库的上面和围绕着车库并朝向庭院这两个地方。

“我们从1943年至1944年的某个时间到1949年的5月或者6月一直住在这个房子的主楼里。而这个为祖母修建的小房子并没有被太多地使用，这是因为祖母不喜欢一个人住，所以她主要是把这个私人佛堂当作一个念佛的地方。其他的房间主要是用于接待客人和当作书房。我们有超过十个佣人和我们住在一起。在1949年的夏天，我们就从这所房子搬出去了，离开了上海。

“开始，我们让我母亲的单身姐姐和她年轻的儿子呆在这个房子里，作为房子的看守者。我们没有带走任何东西，除了为我们每个人准备的一箱子衣服，因为我们希望几个月后当时局稳定下来时，我们能够回来。所有的家具和私人的、居家的物品都被留了下来。随着时间流逝，中国经历了几个重要的变化，我的姨妈，即我妈妈的姐姐，在战争之前是由我爸爸供养的，为了维持她自己的生计和保护她唯一的儿子，她开始变卖家具等东西。最后，她搬出了这所房子并储存了一些东西在储藏室，但最终迫于生计她还是变卖了这些东西。这时，一些公民团体开始接管这所房子并把它分给需要地方住的人。从某方面来讲，这所房子被分成了几个公寓，并有几个居民团体住在里面。同时，1954年12月在美国，我的父亲死于一场车祸，他再也没有能够回到中国，也没能完成他的梦想：某一天他能够带领全家重回中国！

“我是我们家第一个回到中国的人，1979年我来到中国参观，就在尼克松总统访华之后，中国在封闭了30年之后重新向外界开放。那时候我去看了这所房子，但是房子的内部装修完全变了，而且不可辨认。房子的外部装饰仍然保持了原貌，但是整个地形地貌和花园、墙壁，还有铁门都被完全毁坏了，而且以前的漂亮的5英亩花园被完全地用混凝土浇封住了，并在这个地方修了一个很高的混凝土建筑，他们告诉我那是一所贸易学校。我母亲和继父一起住在香港，在1980年的时候，她从香港回到了上海。在那个时候，她本来有机会领回这栋房子，但是她感觉这栋房子对住在美国的我们没有什么用，所以她同意把这栋房子捐给政府，同时领取了一些补偿金。没有人告诉我们这些事情，所以对于这件事情到底是怎么发生的，我们不太清楚。但是我的母亲说政府给的那笔补偿金被支付给了她的寡居的姐姐和她的儿子。她的姐姐和亲戚们都已经去世了。在我第一次回到中国的那次旅行中，我拜访了我的小姨，她说‘文化大革命’毁掉了我们所有的相册、家庭录影等等东西。”

邵修善女儿在哥伦比亚路 57 号花园石灯笼前的留影和邬达克在一张达华公寓室内旧影的背面手绘的石灯笼；在今天的邬达克纪念室中陈列有一张邬达克子女在此同一地点的留影

3. 修缮与保护

3.1 哥伦比亚住宅圈的生长轨迹

如果我们把目光稍稍放开，看看周边邬达克旧居的“同胞兄弟”哥伦比亚住宅圈 80 年来的变迁，我们也清楚地看到时代在这些别墅身上刻下的印痕。

在 1930 年代初陆续建成的哥伦比亚住宅圈，最初 90% 以上的居民都是外国人。这个租界以外的“飞地”，一度成为了上海外国中上阶层的“邬达克们”后花园。日军攻陷上海后，这个外国社区“圈子”逐渐瓦解。一些别墅为日本军队所占据，原来的居民有的被送至了龙华集中营，有的被遣返回国。1940 年汪伪政权成立后，这些住宅住进了汪伪政府的高官。1945 年战争结束，别墅里大多住进了像邵修善那样的有钱人。1949 年新中国成立后，部分住宅逐渐划分给了多户人家入住；部分住宅划归部队，成了军人家属住宅；另有一些进驻了一些企事业单位。“文革”的时候，仍作为住宅的花园别墅又挤入了不少人家。就这样，哥伦比亚住宅圈这个圈子的内涵早已随着时代的变迁而数次转变。

进入到1980年代，靠近新华路的别墅的花园，部分转变成了沿街的公共绿地，两边栽的梧桐树织起了街道的天际线，新华路成了上海一条重要的国宾路。梧桐树后的哥伦比亚住宅圈，岁月沉淀下了一重重的故事。

自2000年以后，新华路花园别墅的一些产权明晰的单位渐渐置换成新的功能。沿新华路两侧的别墅有的改建成价格不菲的西餐厅，有的作为精品酒店，有的成为了创意产业的私企的办公地。弄内的一些别墅，则重新装修，租给一些在沪的外籍人士居住，或为私人业主买下。虽然在没有一个大的规划定位的情况下，现在的哥伦比亚住宅圈里，一栋别墅十几户人家的局面仍不少见，然而当你游走于今天的哥伦比亚住宅圈时，还是能感受到它所逐步经历着的结构性的改变。这个结构性改变成为了当今上海丰富的近代建筑遗产的重新发现与利用的大背景的一部分，同时也反映了大时代政治经济的变革。

哥伦比亚住宅圈近影

3.2 邬达克旧居的再生

伴随着上海近代建筑遗产的复兴，在上海，邬达克与他的建筑也被普通的上海市民所重新认识与怀念，其中有民间自发组织的邬达克建筑的行走之旅与采风活动，也有关于邬达克建筑的学术交流。邬达克成为了一个海派文化的符号。与此同时，匈牙利与斯洛伐克共和国都把邬达克作为了本国与中国文化交流的桥梁。其中，匈牙利驻沪总领事馆在2008年邬达克逝世50周年之际举办了一系列纪念活动，包括邬达克的建筑回顾展。两国的电影工作者分别根据邬达克在上海的故事制作成纪录片，并在2010年上海世博会中各自的国家馆播放。

经历了八十多年岁月的哥伦比亚路旧居已经不只是当年的邬达克先生的家了，它也曾是德国领事的居所、商人邵修善的家，它也曾作为中学的校舍、办公室和食堂。虽然几经辗转，旧居的产权属于长宁区政府，归长宁区教育局使用，但旧居与邬达克的天然联系使它不同于一栋普通的花园洋房。一个为这位带有传奇色彩的建筑师建立一个纪念室的想法在各方的推动下渐渐成形。

2003年，邬达克先生旧居被公布为长宁区登记不可移动文物。2005年，旧居被列入上海市优秀历史建筑名录。2008年，长宁区教育局委托同济大学房屋质量检测站对邬达克旧居做了检测工作。2010年12月31日，上海大钧房地产开发有限公司与长宁区教育局签约旧居租赁并投资修缮及装修。2011年9月20日，旧居修复工程正式开工。为祝贺番禺路邬达克旧居修缮工程开工，建筑大师贝聿铭在纽约寓所欣然题词：“邬达克的建筑过去是，现在是，并将永远是上海城市轮廓的一抹亮色。”

南立面修复前

副楼修复前

东立面修复前

3.3 邬达克旧居的修复

历史建筑的修复往往面临当年建筑材料工艺的失传、建筑史料信息的不足等等困难。然而，这些困难也恰恰是修复工程之有趣之处。每一座悉心修复的建筑背后，都有着一串串故事，凝结着修复者的热情与努力。

在旧居外立面的修复中，屋顶烟囱的修复值得一提。主楼立面上的两个大烟囱由清水红砖砌筑，砌法独特，是旧居都铎复兴风格的一个标志。然而，多年风吹雨淋使得不少砖块开始风化。缺损的部分，修缮方的老师傅从上海其他的老建筑工地上找来同质的红砖碾成粉再调粘合剂补上。至于当年佣人房的烟囱已不知何年何月被何人因何故拆毁。修缮方在内部修缮时发现了这个烟囱的基座。在邬达克旧居的图纸上，这座烟囱样式极其简单，与主楼东西两座烟囱的形式上相差甚远 。为了使得邬达克旧居北面生动起来，并与主楼烟囱形成呼应，修缮投资方于是决定按照主楼“邬达克烟囱”修复。为了找到与主楼烟囱规格相仿的砖，做到 “原汁原味”的修复，修缮方回收了外滩一栋历史建筑拆下不用的砖料。砌砖的老师傅用这些砖料按比例在佣人房添置了与主楼同样形制的烟囱，重现了当年的砌砖工艺。

2011 年 10 月，修缮开工不久后就发现有白蚁灾害，于是请专业公司进场对工程实施一年的全面灭蚁

修缮投资人刘素华与邬达克研究专家华霞虹
博士在修缮现场查看

西侧烟囱修缮前和修缮中

屋顶的瓦是修复过程中的另一个难点。原来屋顶所使用是黏土制的平板弯瓦。瓦的上方有两个小孔，小孔穿上钉子固定于屋面的木条上，而突出的两个“小脚”顺着坡挂在了木条上，一片片瓦就这样顺着屋面铺展开来。时间久了，空气中的煤焦油沉淀在瓦表面，原来的红瓦逐渐变黑，斑斑驳驳，形成了另一种肌理，倒是比新的更有味道。然而，岁月的力量亦使它们松动滑落，所以需要寻找替换瓦。由于现在国家不允许再用黏土制作砖瓦，而机制瓦的质感与传统的手工黏土瓦又有较大的差距，所以给瓦的修复增添了难度。修缮方几经周折、多方考察，最终在宜兴找到专业制瓦厂家定制了陶土瓦。为了在外观上达到旧瓦效果，修缮投资方拍摄了几十片旧瓦的外观照片，瓦厂按照每一张照片的外观不同的颜色，分几十次一片一片地手工把特种涂料喷涂在瓦片表面，这才形成今天屋面瓦片颜色的丰富，达到修旧如故的效果。少量仍能使用的旧瓦被分别铺设在主楼北面大门上方的棚顶两侧和副楼西面双坡屋顶的老虎窗下面。

旧瓦形制

屋面修缮前

挂瓦构造示意图

屋面修缮中

此外，外立面的修复还涉及到露明木构架、门窗、落水管、仿石混凝土等构件的修复。主楼所有外墙的露明木框架保存都比较完好，修复时重新涂了当年所使用的沥青（水柏油），以保护木构件，防雨防晒、防虫防蛀；旧居所有的钢窗几乎都是旧时原物，钢窗的颜色最初设计为深褐色，在修复的过程中陆续收集到一些历史照片，最后确认邬达克时期的钢窗颜色是白色的，及时调整了设计；旧的落水管和雨水斗都是铸铁的，大多已破损脱落，修缮方找专业厂家按原样定制铸铁的雨水斗，仍可使用的仅有两只旧雨水斗分别安装在主楼的南北两侧，其余则是新铸的雨水斗。

铸铁落水管的修缮前后

修缮中的斩假石壁炉

外立面木构架修缮中

立面上的邬达克家族装饰物

浴室假天花揭开后的吊顶构造

屋顶夹层楼面的用料

除了建筑构件的修复外，邬达克家族的装饰物同样得到复原。旧居车库屋顶上方的铸铁装饰物，是修缮投资方根据老照片恢复的，邬达克女儿看见后很高兴，说这是她父亲家族的徽记。1921年，邬达克的父亲在家乡惹上官司，财产也被没收，不久父亲去世，邬达克回到家乡带回了这个家族徽记，挂在车库屋顶上方，成了他对家乡、对家族的思念之物。另外，南立面上方的飞鸟装饰物，出现在邬达克拍摄的家庭影片中，是旧居的点睛之笔。原来的修复设计方案中，装饰物是平面的，修缮投资方考虑到人们往往是仰视着看这个鸟，觉得必须做成立体的，于是首先找来画家依据像素不高的电影和历史照片画出鸟的造型。制作这些鸟最初想到的是用铸铁浇铸，但是又担心日久生锈飞鸟落下打坏屋面，后来又想到做成树脂的，可是树脂材料经不起日晒，最后才决定用东阳木雕制作。

随着修复工程的深入，邬达克旧居在装饰层背后的一些小秘密也逐渐呈现在人们面前。原来邬达克当年在建造自家房子时，收集了建造其他房子的剩余物资。修缮方发现旧居的木地板以及吊顶等处所用的木料品种规格不一，遇到长度不够就拼接一段。但旧居一楼几乎所有的顶和楼梯侧护墙板都用了柚木，这在当时是比较名贵的木料；这些细节充分反映邬达克非常懂得把钱花在刀刃上。

在室内的修复中，这些优质的面材得到了尽可能的保存。所有保存下来的柚木都去除了一层层历年添加上去的油漆，恢复到最初的本色，而木制面材的自然老化同时赋予了新材料所缺少的历史的厚度。对于破损严重无法修复的构件，修缮方根据历史图纸做了复原。书房里仅存的历史原物是东北角四

室内构件修缮中

块方形木天花。书房室内的书桌、椅子、书橱则是按老照片和图纸所定制的。至于原来的餐厅、拱形天花得以悉心保留。而进入当年餐厅的双开木门则是修缮投资方根据老照片用老木料定制。原来的大门早已跟其他一些家具与邬达克一起搬离了旧居。餐厅内的柜子，包括上面的金属饰件亦是按历史照片所复制的。餐厅里现在的椅子是从翻修老家具的地方淘来的旧货，椅子背面钉有一家新闻单位财产登记的铭牌。修复后的旧居中，新添的材料与保留的原材料共处一室，有着微妙的差别，可以给有心的参观者做比较。

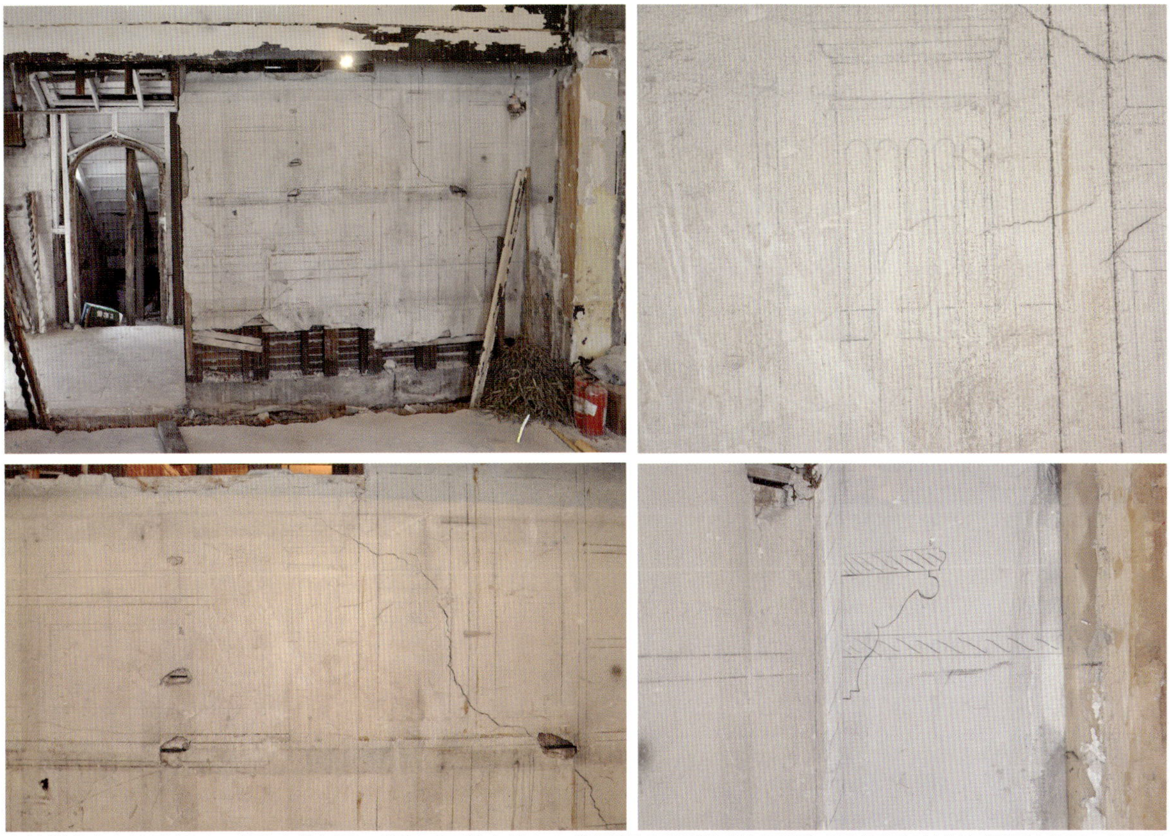

在修缮书房东墙壁板时，当移走壁板后，发现后面的白墙上有多幅当年用铅笔手绘的建造书房橱柜的结构和细部的草图，草图的线条流畅，造型精准，很有可能是邬达克本人所绘

书房东北角仅有的四块方形木天花为当年原物

书房旧影及修缮后

玄关旧影及修缮后

餐室旧影及修缮后

修缮后的底层餐厅，现在为会议室

二层楼梯间旧影及修缮后

二层卧室旧影及修缮后

二层卧室旧影及修缮后

二层卧室旧影及修缮后

三层修缮后

修缮后的西南面

修缮后的北门

郎達克紀念室

4. 文化与传承

4.1 邬达克纪念室

邬达克女儿曾经回忆道：当年客人来她家一般从西南门廊进，家里人则从北面大门进。修复完成的邬达克故居，延续了当年的进入方式。

如今当您参观邬达克纪念室时，首先会来到修复后的西南门廊，门上方挂着由著名上海书画家汤兆基先生题词的牌匾。邬达克当年的历史图纸上的西南门廊本来没有钢窗结构，旧居落成后的早期照片里也反映出门廊是敞开式的，但是后期的旧居历史照片和邬达克自己拍摄的16mm的胶片电影里，显示门廊外包了落地钢窗结构。修缮方据此按照历史原样做了落地钢窗处理。

门廊的端头陈设了由匈牙利国家捐赠的邬达克铜像。铜像后方的的墙背靠客厅壁炉，修缮方设计了一本打开的书的浮雕，左右两边分别雕刻着国际饭店的浮雕以及历史学家薛理勇先生为纪念馆所写的序言。在东墙面的上方，有两台多媒体电视机，专门用于播放邬达克纪念室举办过的重要活动画面，还有所获的题辞及到访过邬达克纪念室的文化名人和各国领导人的参观影像。穿过门廊，来到邬达克当年的

底层起居室旧影及修缮后

起居室，则是今天纪念室的主要空间。

纪念室西墙面正中是原来旧居的壁炉，参观的时候可以留意壁炉精致的斩假石仿石工艺。此外，还可留心纪念室的天花，顶上所有的木结构，包括木梁和牛腿都是历史原物。露明的房梁看起来是实木，实际是空心的，是用带线脚的板精心拼起来的装饰构件。

壁炉旁边立着一个多媒体查询机，因纪念室展示空间有限，参观者可以通过这个多媒体机，自助查询关于邬达克的资料。南侧的凸室则是纪念室多媒体设备控制台，中间有一个玻璃展柜展示全球有关邬达克的书籍、出版物，供参观者翻阅、购买。西墙面展柜展示邬达克纪念室开发的艺术品、礼品、纪念品等，旁边的触摸电视屏可让参观者自助查询这些具体信息。参观者可以于此小憩，沐浴着透过纱帘洒进的阳光。

当年邬达克旧居客厅的南门（即现在纪念室的南门），邬达克设计的是一扇玻璃门，通过这扇通透的门，可以从家中看到室外的大花园。修缮方按照历史照片和电影资料中门的尺寸和外观做了一个玻璃木门，为防止变形，选用了六十年老木料。纪念室的北墙，则作为投影屏幕，主要播放邬达克的建筑成就。

底层起居室旧影及修缮后

邬达克纪念室及底层起居室旧影

邬达克纪念室冬季取暖采用地暖，因此相较于木地板，修缮方选择了热传导性能更好的地砖，同时也避免参观人数众多而造成的地面损坏。夏季则采用中央空调。设计时，为了隐藏好空调设备管道而又不破坏老建筑室内空间的完整性，通过从室外屋角做了一根仿落水管将中央空调的管道包裹好再从室外穿进室内，然后通过一排和展柜一样的边柜实现空调的出风和进风。

纪念室中的邬达克铜像

底层起居室旧影及修缮后

2008 年 6 月，上海举办“建筑华彩——邬达克在上海”展览

2011 年 10 月，上海举行中国建筑学会、匈牙利建筑协会、上海市建筑学会、长宁区教育局、大钧房地产开发有限公司多方合作签约仪式

2012 年 6 月，上海举办“邬达克和他在上海的建筑”图片展

2013 年 1 月 8 日，在邬达克旧居举行“纪念邬达克诞辰 120 周年暨邬达克纪念室开幕仪式”，邬达克女儿阿莱莎 · 德维特代表家属发言

2013 年 1 月 8 日，邬达克家乡斯洛伐克共和国的班斯卡 – 比斯特里察举行邬达克诞辰 120 周年纪念活动

2013 年 11 月，在邬达克纪念室举行邬达克铜像揭幕暨斯洛伐克共和国当代艺术家系列画展开幕式

2013 年 12 月，匈牙利建筑周暨中外建筑设计论坛在邬达克纪念室举行

2014 年 3 月，邬达克周暨“设计与现代生活”主题研讨会在邬达克纪念室举行

2014 年 12 月 12 日，邬达克旧居获中国建筑学会首批全国建筑科普基地

4.2 修缮投资方访谈

1. 最初是怎么确定邬达克旧居这个项目，什么因素让您选择投资这个项目？

刘女士（上海大钧房地产开发有限公司董事长、修缮投资方，以下简称L）：是“缘分”，好似我生命中冥冥中注定的一场邂逅。我是一个非建筑圈的异乡人，当我最初偶遇这栋建筑时我不知道邬达克是谁，一个建筑圈的朋友影响了我，慢慢地我知道了邬达克以及他的建筑成就，还有他很励志的故事。尽管修缮前的旧居落寞而破败，遮蔽在番禺路其他建筑身后，但其建筑风格及细节魅力还是深深打动了我这个学设计人的心。还有邬达克和他的故事，也是让我做这个决定的重要原因，一幢建筑几乎见证了近现代史，有意思，有意义。

还有我很感性。在决定投入之前，许多次我一个人来到还没修缮的旧居，有时候我觉得自己在与同样是异乡漂泊的设计建造者对话。家，对漂泊异乡的人而言是筑一个心灵的家园，是给自己无根的灵魂寻根，所以我说是冥冥注定的缘分。这个过程，也让我对上海这座城市有了新的理解；这个项目，更让我在上海这个客居的城市有了归宿感。

2. 可以从个人角度谈谈对邬达克这个人的看法吗？

L：为了做好这个项目，我和团队一行多人去过邬达克的家乡，到过他受洗的教堂，落叶归根的墓地，读小学、大学的学校，儿时成长的家。看过他记录各种建筑细节的速写本，听过来自家乡亲属及就读大学校长讲述他的故事，对邬达克的认识渐渐清晰而立体。他的父亲是大家族里唯一受过较好教育的长子，邬达克又是他这一代大家族里接受了良好教育的长子。显然，他的家乡斯洛伐克有大家族长子要承担家族责任的民风，从小知道要承担责任铸就了邬达克许多重要的性格特质。在欧洲还有子承父业的传统，就是现在欧洲人也会用极骄傲的口吻说我家几代是（从事某个职业的），而他父亲几近严苛的建筑技能培养，让他的设计构想能有效与施工对接。翻看邬达克当年速写本时，我不禁感叹现代文明带给人们方便的同时，也让我们失去许多沉淀。

似乎，邬达克的一生都被战争驱赶，是大的时代背景和上海这个海纳百川的城市，还有他的一切特质成就了邬达克。

3. 参与这样一个文物建筑修复，可以说对您是一个完全陌生的领域，在修复中遇到的最大困难是什么？现在来看这个项目的修复，您的体会是什么？

L：刚开始的确难。我们很幸运，修缮还未动工，办理施工许可证期间，上海市文物局举办了一个学习班，请来上海有关方面的专家、学者讲课，对当时的我们影响和帮助很大。尤其课堂上老师将一栋栋经历过修缮的文物、历史建筑或正面或反面的讲解，很触动、恍悟，也许若干年后，邬达克旧居的修缮也会被人们或正面或反面地载入或讲解。从那一刻开始，我们如履薄冰地尽全力做每一件事，唯愿对得起这幢建筑和热爱邬达克的人们，也对得起我们自己。

看得见的困难都不是困难，陌生的领域可以向内行人学习，向书本学习；对我们而言需要克服许多看不见、不能说、外行人之前想不到的困难。一路走来我们得到政府和相关单位太多人的帮助，感谢他们。

在这里我还特别想感谢一个人，她是这个项目的另一个投资人。她不生活在这个城市，也不了解邬达克是谁，仅仅因为我想做这件事情。我一直觉得她的投入是在成就我的梦想，为上海这座城市做了一件十分有意义的事情。

4. 您觉得邬达克旧居最精彩的地方在哪里？

L：这是一个让我兴奋的话题。旧居太多精彩，也给我带来许多快乐，从哪说起呢？首先，我们来到西面的山墙，这是这幢建筑最能体现大师设计功力的地方。修缮的三年来，我还会经常去端详、去体味它的魅力。

还有，这幢建筑是灵性的。邬达克养了许多鸽子，他女儿回忆说父亲每天上班前都要到阁楼的鸽舍去喂养鸽子，他喜欢听鸽子咕咕的叫声，看鸽子在天空盘旋。鸽舍也位于西面的山墙，邬达克为他的鸽子们设计了落栖的平台与出入口，不远处的主楼西南山形屋顶设计了三只立体飞翔的鸟，邬达克当年自己拍摄的电影画面显示，屋顶上飞过或栖息的鸟与鸽子和静态的飞鸟设计，似乎让建筑也有了生命。

再有，地下室入口顶上的玻璃砖自然采光，上海天气因素所有东面墙的隔层，每一个空间墙体的呼吸设计等等不胜枚举。

设计师赋予了建筑生命，它就有了生命的属性。我以为，我们的工作唤醒了这幢建筑的生命。

5. 作为民营企业投资修缮邬达克旧居，今后将如何使用？其运营模式如何？

L：这个问题最受关注。修缮的三年间，我无数次地回答过人们有关这个问题的疑虑和关心。

修缮完成后的邬达克旧居，包括三个部分，主楼南面一楼的邬达克纪念室；主楼北面进门的一楼部分空间和二楼、三楼组成一个文化交流空间，可举办艺术展览、文化艺术交流、音乐会、学术研讨会、艺术沙龙等形式多样的文化及学术活动；辅楼（邵家加建部分）是一个红酒展示中心，与主楼的艺术展览、学术交流形成互动，服务于主楼的文化交流活动。

就巨额的修缮和装修投入，还有日常运转费用来说，上面构想的用途显然无法收回投资。但从无形价值这个层面上来说，把邬达克旧居打造成文化品牌，在品牌基础上再衍生其他相关的文化产业机会，这是上海文物及历史建筑保护及再利用的创新尝试。相信在不断的探索过程中会有新的思考和机遇。

尾声

小辰光，我常去宏恩医院。古典柱廊围成的挑空大厅，令人难忘。医院里头的大人们都不知道谁是当年医院建造的赞助人，倒晓得那个建筑师的名字。后来我才知道，曾经的远东第一楼国际饭店，也出自于这位建筑师之手，于是，便慢慢地佩服起他来。

邬达克所设计的建筑，散落在上海的各处，至今尚存的也有几十处。走过路过，我常常只是觉得这楼设计得特别，一打探，才知是他的设计。我一度按图索骥地寻访这些散落在上海各处的建筑们。它们有些仍保持着原先的实用功能，有些被逐渐遗忘，有些挪作了他用。它们的风格、功能和尺度各不相同。然而，作为一个整体，邬达克的建筑或许可以代表着当年上海近代建筑所曾到达的水准。

这本书讲的，便是邬达克旧居，以及，由这个家串起的那重重叠叠的故事。

2008 年春，我第一次来到邬达克旧居。我们一行人，作为同济大学历史建筑保护工程专业的学生，当时正在上张鹏老师的历史建筑材料技术的课程。眼前空置的旧居，正是一个破损分析的好案例。于是也就墙里墙外地记录、检测，最后完成了一份旧居材料破损分析报告。那时旧居已经空置多年，墙里墙外满目狼藉，却有着时光沉淀下来的魅力：西山墙屋面下层层叠叠时有脱落的旧板瓦，东山墙上常年为雨水浸淫的抹灰墙，斑驳的清水红砖砌起的烟囱，技法精湛的仿石窗棂，无一不唤起人们对于旧居过去重重岁月的想象。

2008 年，也正值邬达克文化年。一股邬达克热在上海老建筑爱好者中升温。我曾跟随澳门友人参加了一次邬达克建筑“暴走 12 小时”的活动，活动当天，几十号人，浩浩荡荡，几乎把邬达克在上海留下的作品走了个遍。当时，邬达克的一些重要的作品，如大光明电影院、上海啤酒厂、息焉堂等，已经陆续得到修复再利用，而他的旧居，尚寂寂无闻，等待着属于它的命运。中国近代建筑史上如此重要地位的建筑师之旧居，与其荒置的情况产生了鲜明的反差。这种反差也让我更有兴趣对于旧居的历史一探究竟。

在梳理历史脉络的过程中，一些问题也渐渐浮起，旧居是在怎样的历史条件下建成的？建筑师邬达克如何理解“家”，以及这份理解最终如何化成了他亲自设计的旧居？旧居在邬达克离开之后又经历了怎样的命运？正巧当时邬达克研究者华霞虹老师带我们设计课，我从她那儿幸运地获得了邬达克旧居的原始图纸和建造旧居时的一些往来信件资料，从而拼凑起旧居的本来面目。

后来的几年时间里，我便一直悄悄留意旧居的动向。有意无意地，就骑着车去走走看看。这期间，邬达克的后人来拜访过旧居，回忆了儿时在旧居的生活；关于邬达克生平的电影也借邬达克当年拍摄的 16 毫米影像回溯了旧居的历史。有关邬达克一家在旧居生活故事因之再现于我们眼前。

再后来，我去香港求学，做了些有关旧居附近邬达克在同期设计的哥伦比亚住宅圈（今新华路历史风貌保护区的核心范围）的研究。于是，当年邬达克的邻居们的生活，以及他们的社会网络也渐渐浮现出来，为我们理解邬达克一家在旧居的生活提供了一个注脚。

2010 年的最后一天，邬达克旧居终于确定了属于它的新角色以及新主人。而我也在之后不久走上了历史建筑修复的道路。我曾梦想自己工作后的第一个项目是修复邬达克旧居，却从未想过我会有机会能够为邬达克旧居写一本书，讲述它的前世以及它的历任主人。在此，非常感谢邬达克旧居的修缮投资方——上海大钧房地产开发有限公司和上海邬达克文化发展中心给了我这样的机会。我也极其珍惜这个难得的机会，之后的一段时间里，趁着每次回上海的间隙，就去旧居了解修复的进展，也算了却了心愿。

写作的过程中，我重读了邬达克当年的一些书信记录。从他的经历，他的选择，他的志趣，他的努力中，我看见一个异乡人在上海的一段个人奋斗史。了解愈深入，便愈加佩服及感同身受。邬达克初来上海，于赫德路租房而住。在上海的第四年结婚，再三年，他成立了自己的事务所。五年后，有了能力自己营造一个的家。邬达克曾这样回忆道：“我最感兴趣的是神学和哲学、宗教和灵性的，它们在我脑海中占据首位……我在中学时想当一位神学家，后来却成为理工大学的学生——我必须承认，这种想法带来一种自私的感觉，因为我知道我的父亲需要我的帮助，他因此而把我养大——不只是随他从商，而是作为一个男人，必须承担起养活自己和其他每一个人的职责。”在港这些年，我也成了一名异乡人，也成了家，租一斗室。撰写本书稿的过程，也是我重新理解家之意义的过程。

旧居于 2013 年底修复完成，这只是邬达克旧居故事的一个段落。后面的故事则将在修复后的旧居中缓缓展开。我深知修复项目往往比新建一栋楼须付出更多的心力。感谢修缮投资者和所有参与这个修复项目并让旧居有了新生命的人们，感谢所有热爱邬达克和邬达克建筑的大朋友和小朋友们。

2014 年 12 月于太白台

附录

1. 邬达克旧居保护与修缮记事

2003 年

12 月 22 日 公布为长宁区登记不可移动文物（区级文物登保单位）。

2004 年

4 月 10 日 列入上海市文物管理委员会公示的上海市第一批登记不可移动文物名单。

10 月 18 日 列入上海市房屋土地资源管理局和上海市城市规划管理局联合公示的第四批上海市优秀历史建筑名单，编号为 4M032。

2008 年

3 月 28 日 上海市长宁区政府批复“番禺路 129 号邬达克旧居修缮项目”立项。

4 月 29 日 长宁区文化局批复立项。

5 月 12 日 长宁区教育局委托同济大学房屋质量检测站对邬达克旧居做检测工作；委托上海建筑装饰（集团）有限公司做修缮设计。

2010 年

2 月 邬达克旧居修缮投资人开始与长宁区教育局接触，参与了长宁区教育局组织、多家单位参加的有关邬达克旧居未来使用方案提交。

8 月 10 日 为修缮邬达克旧居专门成立的上海大钧房地产开发有限公司完成工商注册。

9 月 9 日 上海市文物管理委员会、长宁区文化局、长宁区教育局组织邬达克旧居设计施工专家评审。

12 月 30 日 同济大学房屋质量监测站出具《上海市长宁区番禺路 129 号邬达克别墅房屋质量检测报告》。

12 月 31 日 上海大钧房地产开发有限公司与长宁区教育局签订《番禺路 129 号邬达克旧居的租赁合同》，并承担邬达克旧居修缮全部投资。

2011 年

1 月 19 日 长宁区文化局会同上海市文物局文物保护管理处领导和相关市级文物修缮专家，对《上海市长宁区番禺路 129 号邬达克别墅房屋质量检测报告》进行评审。

3 月 4 日 公布为长宁区区级文物保护单位。

9 月 2 日 贝聿铭为邬达克旧居项目及邬达克纪念室题辞。

9 月 9 日 项目在上海市长宁区建设工程质量监督站备案。

9 月 16 日 项目获得上海市长宁区建设和交通委员会发放的施工许可证。

9月20日 邬达克旧居修缮项目正式开工。

10月3日 施工过程中，书房一根梁下坠，发现旧居部分结构被白蚁严重蛀蚀，随即现场监理下达停工单。当日（节日期间）上海市文物局文物保护管理处领导及长宁区教育局领导召开紧急现场会，上海市文物局文物保护管理处将邬达克旧居修缮工程升格为文物抢修工程。并对白蚁蛀蚀情况进行重新检测，补充加固设计。

10月21日 长宁区政府领导在长宁区发改委、建交委、教育局、文化局等部门领导的陪同下，会见了匈牙利共和国外交全球事务副国务秘书牙诺仕河瓦利博士等一行，并陪同客人参观了邬达克旧居，参加了长宁区教育局与匈牙利建筑师协会代表签署的《关于邬达克纪念室的使用合作备忘录》以及匈牙利建筑师协会、中国建筑学会、上海市建筑学会和上海大钧房地产开发有限公司代表共同签署的《邬达克纪念室多方使用合作声明》，依托邬达克纪念室，共同打造建筑文化与艺术交流平台。

11月16日 因白蚁的侵蚀造成结构严重受损，上海市文物局文物保护管理处组织五位专家组成的专家评审团，对《邬达克旧居结构加固修缮设计方案》进行评审，并给予具体指导，一是对各项结构构件的加固本着《文物保护法》不改变原状的修缮原则；二是对木结构的木梁、木屋架、木格栅等加固，可选用更换或传统的加固方法，满足使用功能，本着保护、安全、可靠、牢固的原则；三是要高度重视白蚁的侵害，全面做好白蚁的防治工作。

2012年

2月28日 工程复工。

3月至4月 主楼木结构进行结构加固。原厨房结构加固。

3月至5月 烟囱进行修缮。

4月 屋面防水卷材施工。主楼及副楼结构碳纤维加固。主楼北门头木结构修缮。

5月至6月 主楼及副楼屋面瓦进行铺设施工。

6月 外墙木构件水柏油涂刷；主楼及副楼的外墙装饰泰山砖修缮；主楼的外墙进行修补并重新做一道外墙粉刷。

7月 水电、暖通、天沟落水管、钢窗玻璃安装工程开始。

7月25日 主楼屋顶安装飞鸟装饰件。

7月27日 屋面及外墙工程预验收，长宁区住房保障和房屋管理局、长宁区教育局参加。

8月1日 施工脚手架拆除。

8月12日 室外总体地面开挖。

9月 主楼一层原餐厅恢复原样制作木护墙板。室外树龄五十年的香樟和广玉兰修剪。疏通清理原化粪池及管路。主楼室内地面开挖。埋设室外排水管道。室外南面浇筑混凝土。墙体避潮层开始施工，至10月底结束。

10月 主楼及副楼地面地坪浇筑混凝土。主楼木饰面开始油漆。安装工程管线预埋基本完成。室内精装修开始施工。

11月　工程给排水、强弱电等安装基本完成敷设。主楼地暖开始施工。修复主楼三层壁炉。主楼卫生间开始铺贴瓷砖。主楼原一层餐厅邬达克留下的石膏线花饰修复。

12月　完成主楼阁楼及三层木地板铺设。室外东南角水景开始施工。邬达克纪念室铺设地砖。室外北面铺设石材。室外木结构花架现场制作。请艺术家绘制室内装饰油画。主楼门开始安装。三层斜顶吸音软木铺贴。主楼一、二层恢复原貌的窄条木地板铺设。煤气安装。灯具安装。室外电缆敷设到总配电室，实现用电增容。主楼二层艺术墙施工。邬达克纪念室牌匾及入口处沙雕背景安装。

2013年

1月　钢门安装。室外北面香樟树景观铺设大理石。恢复历史原样的弧形室内外隔墙上铺贴泰山砖。卫生洁具、门锁安装。邬达克纪念室视频播放设备安装。室外铺贴大理石和砌筑花坛，种植花木。

1月8日　上海市长宁区人民政府、上海市人民政府外事办公室和匈牙利驻上海总领事馆在邬达克旧居前举行纪念邬达克诞辰120周年暨邬达克纪念室开幕仪式。邬达克女儿、孙子等亲属受邀参加仪式并旧地重游参观邬达克旧居。

2月　邬达克留下的厨房开始装修（东欧人称之为“夏天厨房”，主要功能却是堆放杂物）。

3月　邬达克旧居原佣人房开始装修。

6月　空调室外主机安装。

7月至8月　地暖、空调系统验收。外墙木构件再次涂刷水柏油。

11月　上海市消防局长宁消防支队消防验收。上海市长宁区建设工程质量监督站工程验收。

2. 邬达克年表简编

1893 年（清光绪二十四年）

1 月 8 日

拉斯洛·邬达克（László Hudec）生于奥匈帝国的匈牙利王国泽尔伊欧姆（Zolyon）省的拜斯泰采巴尼亚（Besztercebánya，今斯洛伐克共和国境内的班斯卡－比斯特里察）。

父亲是斯洛伐克营造商捷尔吉·胡杰茨 (György Hugyecz)，母亲是匈牙利路德教会牧师的女儿波拉·什库尔泰蒂 (Paula Skultety)。

他是家中的长子，有四个姐妹和一个弟弟。

1902–1910 年（清光绪二十八年－宣统二年）9–17 岁

9 岁开始在父亲的建筑工地上打工。

在上大学前，取得木匠、泥水匠和石匠的证书。

1910 年（清宣统二年）17 岁

在拜斯泰采巴尼亚上完小学和中学，获得高中文凭。

进入布达佩斯的匈牙利皇家圣约瑟夫理工大学 (The Hungarian Royal Joseph Technical University) 建筑系学习。

1914 年（民国三年）21 岁

在斯洛伐克的维切尼亚 (Vihnye) 和塞尔姆斯拜尼亚（Selmecbanya，今班斯卡－什佳夫尼亚 Banska Stiavnica）参与了两个乡村教堂的设计和施工。

6 月

大学毕业，并获得赴意大利游学的奖学金，却因战争爆发而无法成行。

7 月 28 日

第一次世界大战爆发，随后应征入伍。

12 月 30 日

通过奥匈帝国的预备军官考试。

成为匈牙利皇家建筑师学会会员。

1915 年（民国四年）22 岁

2 月

随奥匈帝国军队赴俄国前线作战。

6月2日

获奥匈帝国英勇银质勋章。

10月

再获英勇银质勋章，并晋升为中尉。

1916年（民国五年）23岁

6月

因伯力（Khabarovsk，哈巴罗夫斯克，西伯利亚东部城市）战役失败，头部受伤被俄国哥萨克骑兵俘虏并流放至伯力20公里外的Krasznaja-Riecka战俘集中营。在战俘营期间学习了英语、法语和艺术史。

1917年（民国六年）24岁

夏天

因患伤寒住进了战俘医院。其间，学会了俄语并能书写。

12月

在战俘营不慎摔倒致腿部三处骨折，治疗后留下残疾，被宣布为残疾人。

1918年（民国七年）25岁

5月

被送上丹麦的红十字残疾人专列，因俄国内战，致专列无法西行，使回家无望，决定逃往东方。接受彼得罗夫斯克－扎沃多（Petrovski-Zavod）铁路部门的一位波兰工程师的建议和推荐信，作为残疾俘虏前往希洛克（Hilok）铁路部门工作。在那里，搞到一本假的俄国护照，隐瞒了自己的战俘身份，申请前往中国哈尔滨的自由护照。

9月

捷克军团出现在希洛克车站，搜寻逃跑的战俘。为避开捷克军团，决定立即向东出发。

10月初

逃亡至哈尔滨，一位丹麦路德教牧师收留他，并助他去上海。在隶属俄国的中东铁路管理部门，通过重重手续，把假护照换成了边境通行证。

10月26日

抵达上海。

11月初

受聘于设立在外滩4号联合大楼的有利银行（Union Building NO.4 The Bund，今中山东一路3号有利大楼）一楼美国建筑师罗兰·克利(R.A.Curry)开设的克利洋行，初为绘图员，后为业务经理、合伙建筑师。

11月3日

去俄罗斯领事馆报到，时该领馆从属于海参崴的白色政府。

11月11日

第一次世界大战结束，奥匈帝国解体，斯洛伐克与捷克组成捷克斯洛伐克。

1919年（民国八年）26岁

父亲捷尔吉·胡杰茨在拜斯泰采巴尼亚的公司因资不抵债而破产。

住宿地：赫德路（Hart Road，今常德路）13号。

1920年（民国九年）27岁

11月18日

父亲捷尔吉·胡杰茨因心脏病去世。

1921年（民国十年）28岁

2月5日

通过电报才得知父亲去世的消息。

为奔父丧，前往上海捷克斯洛伐克领事馆申请一份临时护照。

4月初至8月底

第一次回欧洲旅游，途经匈牙利、捷克斯洛伐克、意大利、法国、英国、德国和奥地利。

1922年（民国十一年）29岁

6月1日，与出生于上海的德国富商卡尔·西奥多·迈耶（Carl Theodore Meyer）的女儿吉塞拉·迈耶（Giselle Meyer）结婚。吉塞拉1902年生于上海，1913年至1921年间在德国读书。

着手设计吕西纳路（Lucerne Road，又译卢萨恩路，今利西路）17号自宅。

1923年（民国十二年）30岁

匈牙利政府要求上海丹麦领事馆为当地匈牙利人提供庇护。

8月20日

长子马丁·邬达克（Martin Hudec）在上海出生。

1925年（民国十四年）32岁

1月9日

次子西奥多·邬达克 (Theodore Hudec) 在上海出生。

1月

自行开业，建立邬达克打样行，地址在外滩24号（24 The Bund，今中山东一路24号）横滨正金银行大楼（Building of Yokohama Specie Bank，今中国工商银行上海分行，1924年建成，公和洋行设计）。

1926年（民国十五年）33岁

夏天

与家人一起回欧洲度假。

吕西纳路17号住宅竣工，入住。

1927年（民国十六年）34岁

夏天

全家在欧洲度假，途经法国、西班牙、瑞士、德国和匈牙利，同时申请恢复匈牙利国籍。

1928年（民国十七年）35岁

与普益地产公司发展密切合作关系。

夏天

全家在匈牙利和德国度假避暑。

9月12日

女儿阿莱莎·德维特（Alessa De Wet）在德国慕尼黑出生。

1929年（民国十八年）36岁

3月29日

恢复匈牙利国籍的申请获准，得到匈牙利临时护照，因丹麦领事无权签发永久性匈牙利护照，签发日期为1928年6月22日。同时，把原护照归还捷克斯洛伐克领事馆。

4月至5月

赴美国度假考察，从纽约一直到旧金山，熟悉摩天楼的最新发展。

秋天，捷克斯洛伐克领事馆通知，因他父亲遗产的诉讼案尚未结案，仍然保留其捷克斯洛伐克公民身份，致使其匈牙利护照无法启用。

1930年（民国十九年）37岁

因为儿子健康原因，为避上海湿热气候而赴欧洲，再次申请捷克斯洛伐克护照。

10 月

哥伦比亚路 57 号（57 Columbia Road，今番禺路 129 号）住宅竣工，后入住。

1931 年（民国二十年）38 岁

夏天

因为心脏问题，在德国巴特瑙海姆 (Bad Neuheim) 温泉胜地的医院度过了两个月的艰难治疗，而后又前往匈牙利。

1932 年（民国二十一年）39 岁

1 月 28 日

日军进攻上海，第一次淞沪抗战爆发。

邬达克打样行迁至圆明园路 209 号 8 楼 801 室浸信会大楼（China Baptist Publication Building，今真光大楼）顶层。

夏天

全家第一次去日本旅行，与在东京执业的捷克建筑师安东尼·雷蒙德（Antonin Raymond）结下友谊。

1935-1941 年（民国二十四 - 三十年）42-48 岁

夏天

全家都到安东尼 · 雷蒙德在日本的避暑胜地轻井泽的乡间别墅去度假。

1937 年（民国二十六年）44 岁

两个儿子被送去加拿大维多利亚的军事学校读书，妻子吉塞拉 · 邬达克有亲戚居住那城市。

8 月 13 日

日军进攻上海，第二次淞沪抗战爆发。

11 月 12 日

中国军队后撤，上海沦陷，租界成为孤岛。

年内，全家从哥伦比亚路 57 号住宅搬至刚建成的自己设计的达华公寓（Hubertus Court，今延安西路 918 号，达华宾馆）底层一套公寓居住。

1938 年（民国二十七年）45 岁

9 月

慕尼黑会议之后，捷克斯洛伐克解体，随即放弃捷克斯洛伐克国籍。

秋

将哥伦比亚路 57 号住宅出租给德国驻沪领事（至 1943 年）。

1939 年（民国二十八年）46 岁

1 月

全家受邀前往罗马拜见教皇庇护十一世（Pope Pius Ⅺ），但教皇于约定接见时间前两天的 2 月 10 日去世。

几乎一整年全家在意大利、德国和匈牙利旅行。

1940 年（民国二十九年）47 岁

秋天

正式获得匈牙利国籍并得到永久护照。

1941 年（民国三十年）48 岁

6 月 21 日

匈牙利、斯洛伐克作为德国、意大利和日本的轴心国成员参与第二次世界大战。

12 月 18 日

日军偷袭珍珠港，太平洋战争爆发，日军占领上海公共租界。

1942 年（民国三十一年）49 岁

被任命为匈牙利驻上海领事馆荣誉领事。

1943-1944 年（民国三十二 - 三十三年）50-51 岁

将哥伦比亚路 57 号住宅出售给上海大明火柴公司、大华火柴公司经理邵修善

1944 年（民国三十三年）51 岁

10 月

苏联军队占领匈牙利，欲申请辞去荣誉领事，未被准许。

1945年（民国三十四年）52岁

8月

日本宣布无条件投降，国民党人员开始来上海接收。

国民党查封邬达克的办公室，有人告他曾与日本人合作，很快便证明不实。

1946年（民国三十五年）53岁

买好船票欲乘美国商船去意大利热那亚，遭中国政府官员阻止，未能成行。

1947年（民国三十六年）54岁

2月上旬

悄悄携家人乘波尔克总统号（S.S.President Polk）离上海去欧洲，先在瑞士卢加诺（Lugano）小住，后去希腊和意大利罗马旅行，开始潜心于考古研究。

1948年（民国三十七年）55岁

6月23日

携妻女前往美国纽约，后在加利福尼亚州旧金山的伯克利（Berkeley）短暂居住。

1949年56岁

2月

成为上海匈牙利人协会主席。

1950年57岁

定居美国加利福尼亚州的伯克利。

在伯克利大学路德教堂作讲座，内容涉及“近期罗马圣彼得教堂的地下挖掘工作”。

1951年58岁

夫妇俩依靠美国《战时错置人员法案》（1948）成功申请了美国国籍。

1954年61岁

夫妇俩前往南美参加儿子的婚礼。

1958 年 65 岁

在美国加州北部斯阔谷（Squaw Valley）设计了一幢木结构的山间别墅，先把蓝图送到瑞士去预制、测试，然后拆卸并航运至美国进行组装。

10 月 26 日

因心脏病发作在美国加利福尼亚州伯克利的家中去世。

1970 年

移葬斯洛伐克共和国班斯卡－比斯特里察市路得教堂后面的一个家族墓地。邬达克五岁时在这个教堂受洗。

附：

2000 年

1 月，同济大学建筑与城市规划学院研究生华霞虹，在导师郑时龄院士指导下，完成了其建筑学硕士学位论文《邬达克在上海作品的评析》，开启了当代系统研究邬达克和邬达克建筑的先河。

2004 年

邬达克妻子吉塞拉·邬达克在加拿大维多利亚去世，出生于 1902 年的上海，享年 102 岁。

2008 年

1 月 22 日，为纪念邬达克诞生 115 周年、逝世 50 周年，上海"邬达克年"系列活动开始。

6 月，我国第一本邬达克专著《上海邬达克建筑》在上海出版。

6 月 14 日，上海举办"建筑华彩——邬达克在上海"展览。

2009 年

5 月 8 日，上海举办"邬达克与上海"摄影展，庆祝"邬达克年"闭幕；赠阅版地图《上海邬达克建筑》出版发行。

10 月 28 日、30 日，11 月 3 日，上海市人民对外友好协会联合中斯有关单位主办的《邬达克的上海故事》展览分别在斯洛伐克共和国首都布拉迪斯拉发市、班斯卡－比斯特里察市和匈牙利首都布达佩斯市开幕。

2010 年

斯洛伐克共和国拍摄了纪录片《邬达克：改变上海面貌的建筑师》(*The Man Who Changed Shanghai*)。

9 月 3 日，斯洛伐克共和国总统伊万·加什帕罗维奇出席在大光明电影院举行的上海世博会斯洛伐克国家馆日活动《邬达克：改变上海面貌的建筑师》纪录片首映式。

11 月 1 日，匈牙利总理欧尔班·维克多，外交部长马尔托尼·雅诺什等一行来到修缮前的邬达克旧居参观。

2011年

10月21日，中国建筑学会、匈牙利建筑师协会、上海市建筑学会、上海市长宁区教育局、上海大钧房地产开发有限公司分别签署了《关于邬达克纪念室的使用合作备忘录》、《邬达克纪念室多方使用合作声明》。

匈牙利拍摄了纪录片《邬达克》。

2012年

4月11日，邬达克长子马丁·邬达克在加拿大的维多利亚去世，享年89岁。

4月30日，匈牙利代总统克韦尔·拉斯洛在布达佩斯的布达城堡，向来访的李克强副总理赠送上海出版的《上海邬达克建筑》画册。

6月29日，上海举办“邬达克和他在上海的建筑”图片展，同时发行同名明信片。

8月17日，邬达克次子西奥多·邬达克在加拿大的维多利亚去世，享年87岁。

2013年

1月8日上午，上海举行“纪念邬达克诞辰120周年暨邬达克纪念室开幕仪式”，邬达克女儿阿莱莎·德维特等亲属应邀出席。下午，在同济大学举行《上海邬达克建筑地图》新书发布暨“邬达克与城市建筑遗产”学术研讨会。

10月26日，上海举行纪念邬达克逝世55周年暨《邬达克》新书发布会，《邬达克》作者卢卡·彭切里尼应邀出席。

11月15日，邬达克铜像揭幕仪式暨斯洛伐克当代艺术家系列画展开幕式在邬达克旧居外举行。画展为期十天。

12月10–13日，邬达克周暨中国与匈牙利建筑文化论坛在邬达克纪念室举行。

12月，多场邬达克与上海小型实验性高端室内音乐会在邬达克旧居举行。

2014年

3月18–22日，邬达克周暨匈牙利设计论坛在邬达克纪念室举行。

12月12日，中国建筑学会授予上海邬达克建筑文化中心首批中国建筑学会科普基地揭牌仪式和邬达克纪念室多方使用合作声明续约签字仪式，在邬达克纪念室举行。

2015年

3月，《邬达克的家——番禺路129号的前世今生》在上海出版。

（注：邬达克其他建筑作品见《邬达克建筑作品不完全列表》，本年表不再复述）

3. 邬达克建筑作品不完全列表

设计 / 施工年份	原 名
求学时期	
1914	维切尼亚乡村教堂，Country Chapel,Vihnye
1914	塞尔姆斯拜尼亚乡村教堂，Country Chapel,Selmecbanya
第一次世界大战时期	
1916	军队礼拜堂，Military Chapel
1918	丹麦使徒团方案，Danish Mission Compound
克利洋行时期	
1918-1920	何东住宅， Ho Tung's Residence
1919-1920	巨籁达路 22 栋住宅， The 22 Residences on Route Ratard
1919-1920	中华懋业银行上海分行，Chinese-American Bank of Commerce
1920	美丰银行，American-Oriental Banking Corporation
1919-1920	盘滕住宅，Beudin's House
1919-1921	霍肯多夫住宅，Hueckendorff's House
1921-1922	中西女塾蓝华德堂，Lambuth Hall,McTyeire School for Girls
1921-1935	中西女塾景莲堂，McGregor Hall , McTyeire School for Girls
1922	上海银行公会大楼方案，Shanghai Bankers Association
1923	卡尔登大戏院，Carlton Theatre
1922-1926	邬达克首座自宅，Hudec's Residence
1922-1924	美国总会，American Club
1923-1926	诺曼底公寓，Normandie Apartments

现名	地址	备 注
	斯洛伐克共和国维切尼亚地区	现存
	斯洛伐克共和国班斯卡地区	现存
	今乌克兰布列斯特南部 沃里尼亚地区	可能已被拆除
	哈尔滨	方案
今商务办公楼	原西摩路，Seymour Rd.; 今陕西北路 457 号	现存; 为第四批上海市优秀历史建筑
	原巨籁达路，Ratard Rte.; 今巨鹿路 852 弄 1-8 号、10 号、868-892 号	现存; 为第四批上海市优秀历史建筑
	原南京路 11 号，11 Nanking Rd.	已拆除
今强农大楼	原南京路 15、29、50 号，15、29、50 Nanking Rd.; 今河南中路 521 — 529 号	现存; 为第四批上海市优秀历史建筑
今仙炙轩餐厅	原毕勋路，Pichon Rte.; 今汾阳路 150 号	现存
	原霞飞路 1415 号，1415 Joffre Av.; 今淮海中路 1893 号	现存
海市第三女子中学五一大楼	原忆定盘路，Edinburgh Rd.; 今江苏路 155 号	现存; 为第二批上海市优秀历史建筑
海市第三女子中学五四大楼	原忆定盘路 137 号，137 Edinburgh Rd.; 今江苏路 155 号	现存; 为第二批上海市优秀历史建筑
原长江剧场	原派克路 21 号，21Park Rd.; 今黄河路 21 号	1993 年被拆除
	原吕西纳路 17 号，17 Lucerne Rd.; 今利西路 47 弄及延安西路 937 号位置	据考证 1999 年左右被拆除
原高法大楼	今福州路 209 号	现存; 为第二批上海市优秀历史建筑
今武康大楼	原霞飞路，Joffre Av.; 今淮海中路 1836-1858 号	现存; 为第二批上海市优秀历史建筑

1924-1925	万国储蓄会方西马大楼，I.S.S,Foncim Building
邬达克打样行时期	
1923-1926	宏恩医院，Country Hospital
1923-1927	宝隆医院，Paulun Hospital
1925-1926	普益地产公司巨福路花园住宅 6 幢，6 Garden Villas on Route Dufour for Asia Realty Co.
1925-1927	爱司公寓，Estrella Apartments
1925-1928	西门妇孺医院总平面设计和宿舍楼，Margaret Williamson Hospital
1926-1928	四行储蓄会联合大楼，J.S.S,Union Building
1926-1931	慕尔堂，Moore Memorial Church
1926-1931	刘吉生住宅，Liu Jisheng's Residence
1927-1928	派克路机动车库，Honigsberg Garage
1928	交通大学总体规划方案，Chiao Tung University Master-plan
1928	伯林顿公寓方案，Burlington Apartments
1928	四川路汉口路办公楼方案，Proposal for office building on Szechuen Road/Hangkow Road
1928-1929	闸北电厂，Chapei Electricity and Waterworks Power Station
1925-1930	普益地产公司西爱咸斯路花园住宅 7 幢，7 Garden Villas on Route H.De Sieyes for Asia Realty Co.
1929	四行储蓄会外滩大楼方案，J.S.S Building on Bund project
1929-1930	福开森路外国人私宅，D.Tirinnanzi Residence on Route Ferguson
1929-1930	浙江大戏院，Chekiang Theatre
1930	邬达克自宅，Hudec's Residence
1930	雷文住宅，Cottage for Frank Raven

原上海医药公司	原爱多亚路 7 号，7 Edward Ⅶ Av.； 今延安东路 7 号	1997 年建高架时被拆除
今华东医院 1 号楼	原大西路，Great Western Rd.； 今延安西路 221 号	现存； 为第一批上海市优秀历史建筑
原长征医院特诊楼	原白克路 415 号，415 Burkill Rd.； 今凤阳路 415 号	已被拆除
今花园住宅	原巨福路，Dufour Rte.； 今乌鲁木齐南路 153、154、155、160、180、182 号	现存
今瑞金大楼	原霞飞路圣母院路转角，Joffre Av.、Route des Soeurs； 今瑞金一路 148-150 号	现存； 为第三批上海市优秀历史建筑
复旦大学附属妇产科医院 / 红房子妇产科医院	今方斜路 419 号	现存
今联合大楼	今四川中路 261 号	现存； 为第二批上海市优秀历史建筑
今沐恩堂	今西藏中路 316 号	现存； 为第一批上海市优秀历史建筑
今上海市作家协会	原巨籁达路 681 号，681 Ratard Rte.； 今巨鹿路 675 号	现存； 为第三批上海市优秀历史建筑
今国际饭店附楼	原派克路白克路，Park Rd.,Burkill Rd.； 今黄河路凤阳路口	现存
	原海格路，Haig Av.；今华山路	
今上海闸北发电厂	今军工路 4000 号	现存
今花园住宅	原西爱咸斯路，Herve de Sieyes Rte.； 今永嘉路 563、615、623 号，安亭路 41 弄 16、18 号，81 弄 2、4 号	现存
今花园住宅	原福开森路，Ferguson Rte.； 今武康路 129 号	现存
今浙江电影院	原浙江路 123 号，123 Chekiang Rd.； 今浙江中路 123 号	现存
今邬达克纪念室	原哥伦比亚路 57 号，57 Columbia Rd.； 今番禺路 129 号	现存； 为第四批上海市优秀历史建筑
今龙柏饭店 3 号楼	今虹桥路 2419 号	现存； 为第四批上海市优秀历史建筑

1930	迈尔住宅，花园规划，Meyer House,garden layout project	
1930	霓虹灯新立面方案，Proposal for a neon-light new façade	
1930-1931	大使公寓方案，Ambassador Apartments	
1929-1931	孙科住宅，Sun Ke's House	
1929-1931	息焉堂 / 罗别根路西人公墓礼拜堂，Catholic Country Church (Sieh Yih Chapel)	
1928-1932	哥伦比亚住宅圈，Columbia Circle Houses	
1930-1932	广学会大楼，Christian Literature Society Building	
1930-1932	浸信会大楼，China Baptist Publication Building	
1930-1932	德国新福音教堂，New German Evangelical Church	
1931-1932	爱文义公寓，Avenue Apartments	
1931-1932	辣斐德路花园住宅，Garden Villa on Route Lafayette	
1931-1932	斜桥弄巨厦，Mr.P.C.Woo's Residence	
1931-1933	交通大学工程馆，Engineering and Laboratory Building of Chiao Tung University	
1931-1933	大光明大戏院，Grand Theatre	
1931-1934	国际饭店，Park Hotel	
1931-1936	上海啤酒有限公司，Union Brewery Ltd	
1932	国际礼拜堂牧师住宅，Manse for Community Church	
1932-1933	辣斐大戏院，Lafayette Cinema	
1933-1936	达华公寓，Hubertus Court	
1935-1938	吴同文住宅，D.V.Wood's House	
1936	肇泰水火保险股份有限公司办公楼方案，Chao-Tai Fire and Marine Insurance Co.	

	原虹桥路 579 号，579 Hungjao Rd.;	
	原霞飞路、善钟路，Joffre Av.、De Say Zoong Rte.; 今淮海中路、常熟路	
	靠近法租界市政公园	
上海生物制品研究所行政办公楼	原哥伦比亚路 22 号，22 Columbia Rd.; 今番禺路 60 号	现存; 为第一批上海市优秀历史建筑
今西郊天主教堂	原罗别根路，Rubicon Rd.，现为哈密路; 今可乐路 1 号	现存; 为第二批上海市优秀历史建筑
今新华路花园住宅	原安和寺路，Amherst Av.; 今新华路 119、155、185、211、236、248、276、294、329 弄（号）部分住宅	现存，部分已被拆除; 多数建筑分别为第二、三、四批上海市优秀历史建筑
今广学大楼	原博物院路，Museum Rd.; 虎丘路 128 号	现存; 为第二批上海市优秀历史建筑
今真光大楼	今圆明园路 209 号	现存; 为第二批上海市优秀历史建筑
	原海格路、大西路，Haig Av.、Great Western Rd.; 今延安中路、华山路转角	被拆除，原址建贵都大酒店及希尔顿宾馆
今联华公寓	原爱文义路，Avenue Rd.; 今北京西路 1341-1383 号、铜仁路 304-330 号、南阳路 208-228 号	现存; 为第三批上海市优秀历史建筑
今花园住宅	今复兴西路 133 号	现存
今上海公惠医院	今石门一路 315 弄 6 号	现存
今交通大学工程馆	原海格路 1954 号，1954 Haig Av.; 今华山路 1954 号	现存; 为第四批上海市优秀历史建筑
今大光明电影院	原静安寺路 216 号，216 Bubbling Well Rd.; 今南京西路 216 号	现存; 为第一批上海市优秀历史建筑
今国际饭店	原静安寺路 170 号，170 Bubbling Well Rd.; 今南京西路 170 号	现存; 为第一批上海市优秀历史建筑
今苏州河梦清园	原宜昌路 30 号，30 Ichang Rd.; 今宜昌路 130 号	现存; 为第三批上海市优秀历史建筑
今徐汇区体育局	原巨福路，Dufour Rte.; 今乌鲁木齐南路 64 号	现存
今上海拉法耶艺术设计中心	原辣斐德路 323 号，323 Lafayette Rte.; 今复兴中路 323 号	现存
今上海錦江都城达华酒店	原大西路，Great Western Rd.; 今延安西路 918 号	现存; 为第三批上海市优秀历史建筑
今上海城市规划设计院	原哈同路、爱文义路，Hardoon Rd.、Avenue Rd.; 今铜仁路 333 号	现存; 为第二批上海市优秀历史建筑

1936	日本邮船公司办公楼方案，NYK Building	
1936	沈氏住宅方案，Y.T.Shen's House	
1936	青岛礼拜堂与校舍竞赛方案，Gemeindehaus und Schulgebaude competition project	
1936-1937	上海朝阳路圣心女子职业学校，Sacred Heart Vocational College for Girls	
1937	贡萨加大学方案，Gonzage College	
1937-1939	震旦女子文理学院，Aurora Art's and Science College for Women	
1938	中国招商局办公楼方案，China Merchants'Co. Building	
1938	上海地产建设公司新办公楼方案，New Office Building for Realty Building Corporation Shanghai	
1941	俄罗斯天主学校男生宿舍，Russian Catholic School Hostel for Boys	
1941	意大利总会新大礼堂，New Auditorium for Italian O.N.D Club	
1941	大西路德国学校图书馆，German School Laboratory	
美国时期		
1956	路德大学小教堂，Lutheran University Chapel	
1958-1960	山间小屋，Mountain Cottage,Squaw Valley	
待考作品		
1919	万国储蓄会银行大楼，International Saving Society Bank	
1919-1920	万国储蓄会 9 栋住宅，9 Houses, ISS Residential Development	
1919-1921	梅里曼住宅，Merriman House	
1919-1922	马迪耶住宅，Madier House	
1923	赫内克住宅，Hoehncke House	
1924	耶斯佩森住宅，Jespersen House	

今长城饭店	原朝阳路，Chaoyang Rd.，现为沈阳路； 今眉州路 272 号（近沈阳路）	现存
	原星嘉坡路，Singapore Rd.， 今余姚路	
今向明高级中学震旦楼	原圣母院路，Des Soeurs Rte.，现为瑞金一路； 今长乐路 143 号	现存
	原外滩，The Bund	
	原外滩，The Bund	
向明高级中学国际部（晓光楼）	原圣母院路，Des Soeurs Rte.，现为瑞金一路； 今长乐路 141 号	现存
	原静安寺路，Bubbling Well Rd.	已拆除
	原大西路 7 号，7 Great Western Rd.	已拆除
	今美国加州大学伯克利分校	作为顾问建筑师
	今美国加州斯阔谷	现存
	原爱多亚路 7 号，7 Edward Ⅶ Av.	已被拆除，是否与方西马大楼 为同一项目待考
	原宝建路，Pottier Rte.；今宝庆路	具体信息不详
		具体信息不详
今上海工艺美术博物馆	原毕勋路，Pichon Rte.； 今汾阳路 79 号	是否为邬达克设计待考
		具体信息不详
		具体信息不详

1926-1927	上海皮革厂，Tannery,Shanghai Leather Co.	
1930	德国花园俱乐部，Deutscher Gartenklub	
1923-1936	哥伦比亚乡村俱乐部 / 美国乡村总会，Columbia Country Club	
1936	西门妇孺医院妇产科，Margaret Williamson Hospital,Maternity Wing	
1938	德国圈，社区大厅，German Compound,Gemeinde Hall	

注：根据上海市城市规划管理局和上海市城市建设档案馆编《上海邬达克建筑》、卢卡·彭切里尼及尤利娅·切伊迪著《邬达克》、华霞虹和乔争月著《上海邬达克建筑地图》等资料整理。

		具体信息不详
	原海格路大西路，Haig Av.、Great Western Rd.； 今华山路、延安西路	具体信息不详
今上海生物制品研究所	原大西路 301 号，301 Great Western Rd.； 今延安西路 1262 号	是否为邬达克设计待考，有资料显示该俱乐部 1923 年由建筑师哈沙德（Elliot Hazzard）设计；为第三批上海市优秀历史建筑
		具体信息不详
	原海格路、大西路，Haig Av.、Great Western Rd.； 今华山路、延安西路	具体信息不详

参考文献

邬达克：《我的自传》，1941 年，上海

上海市城市规划管理局、上海市城市建设档案馆编：《上海邬达克建筑》，上海科学普及出版社 2008 年版

华霞虹、乔争月等著：《上海邬达克建筑地图》，同济大学出版社 2013 年版

[意] 卢卡・彭切里尼、[匈] 尤利娅・切伊迪著：《邬达克》，同济大学出版社 2013 年版

娄承浩、薛顺生编著：《老上海营造业及建筑师》，同济大学出版社 2004 年版

娄承浩、薛顺生编著：《上海百年建筑师和营造师》，同济大学出版社 2011 年版

馥记营造公司（台湾）编：《陶总经理桂林先生七秩稀寿》，陶五柳堂 1962 年编印

张云家著：《陶桂林奋斗成功记》，（台湾）中国长虹出版社 1987 年版

曹仕恭著：《建筑大师陶桂林》，中国文联出版公司 1992 年版

《上海建筑施工志》编纂委员会编：《上海建筑施工志》

李晓华：《营造商眼里的设计师邬达克》，《上海城市发展》（双月刊），上海城市发展信息研究中心等主办，2011 年第 5 期

冯立：《邬达克自宅的一点研究》，《上海城建档案》（季刊），上海市城市建设档案馆主办，总第 32、33 期

楼建春：《邬达克回家了——<邬达克的上海故事>展览在斯洛伐克、匈牙利三地开幕记叙》，《上海城建档案》（季刊），上海市城市建设档案馆主办，总第 39 期

徐林林：《从三张图探寻吕西纳路 17 号》，《上海城建档案》（季刊），上海市城市建设档案馆主办，总第 49 期

李文杰：《上海解放前后民族工商业者动态一斑》，《上海工商经济史料》1983 年

张长根主编：《走进老房子——上海长宁近代建筑鉴赏》，同济大学出版社 2004 年版

张长根主编：《上海优秀历史建筑－长宁篇（二）》，上海三联书店 2007 年版

孙颙主编：《上海名人故居博览》，上海市政协文史资料编辑部 2009 年版

伍江著：《上海百年建筑史：1840-1949（第二版）》，同济大学出版社 2008 年版

上海福利营业股份有限公司编印：《上海市行号路图录》，1947、1949 年版

上海市商用地图册编辑委员会编：《上海市商用地图册（地图卷）》，上海翻译出版公司 1989 年版

上海市测绘院编制：《上海道路交通指南（2014 年）》，上海科学技术出版社 2014 年版

王荣华主编：《上海大辞典》，上海辞书出版社 2007 年版

罗小未主编：《上海建筑指南》，上海人民美术出版社 1996 年版

郑时龄著：《上海近代建筑风格》，上海教育出版社 1999 年版
上海章明建筑设计事务所编著：《上海外滩源历史建筑（一期）》，上海远东出版社 2007 年版
上海市地方志办公室编著：《上海名建筑志》，上海社会科学院出版社 2005 年版
上海市档案馆编：《老上海行名辞典（英汉对照）1880-1941》，上海古籍出版社 2005 年版
长宁区志编纂委员会编：《长宁区志》，上海社会科学院出版社 1999 年版
《上海房地产志》编纂委员会编：《上海房地产志》，上海社会科学院出版社 1999 年版
《上海外事志》编辑室编：《上海外事志》，上海社会科学院出版社 1999 年版

延伸阅读

现在，我们初步整理了自1937年邬达克搬出哥伦比亚路57号旧居后住户的历史沿革，但是，由于年代久远，资料缺失，对于一些地方还是存在着疑问，对于一些事情的细节还不甚了解，特别是缺少邬达克一家搬离后至此次修缮前的这段时期有关邬达克旧居内外景的照片，希望读者中的知情者提供如下资料或线索：

一、邬达克的总承包商王才宏（两个儿子分别在上海和香港从事建筑业）与邬达克合作、交往的详细情况及照片。

二、“邬达克打样行鼎盛时期（1930–1935）至少有15位中国建筑师，他们是谁？起了什么作用？后来去向如何？”（见华霞虹、乔争月著《上海邬达克建筑地图》的“延伸研究”）

三、关于德国领事租住邬达克旧居的情况，只知道1938年邬达克把房子出租给德国领事一家，领事叫Doctor Fischer（费希尔博士；据上海社会科学院出版社1999年6月出版的《上海外事志》记载，1937年就任的德国驻上海总领事是M.Fischer）。

四、1944年左右，建造在邬达克旧居东侧的歇山式小屋，还不知道它的建筑师。

五、大明火柴公司、大华火柴公司经理邵修善及其父亲邵雨康的生平情况及照片。

六、1955年左右，把邬达克旧居出租给华通开关厂的友勤企业地产公司的基本情况。

七、上海华通开关厂在番禺路129号期间的详细情况及照片。

八、1963年以后，上海市番禺第二中学、上海市番二职业技术学校、长宁区第二职工中等专科学校、上海市国际旅游职业技术学校、上海市现代职业技术学校、上海市旅游培训中心、上海市旅游外语测试中心、上海职工素质工程教育培训基地（上海市总工会）等等学校和单位，在邬达克旧居期间的详细情况及照片。

另外，邬达克在上海的第一幢自宅——吕西纳路17号被拆前住户的情况及照片。据查考，吕西纳路1943年改名为利西路。此幢小洋房1947年时为利西路47号（见1947、1949年上海福利营业股份有限公司编印的《上海市行号路图录》）。上世纪80年代末，好像已划入延安西路937号上海电业职工医院（今上海电力医院，1971年从高邮路68号迁此），或为利西路47弄位置（见1989年上海翻译出版公司出版的《上海市商用地图册》地图卷），具体情况不得而知。此幢小洋房大概在1995年被拆，位于上海电力医院院内。

最后，感谢所有热爱上海老建筑的大朋友们和小朋友们。如书中任何有错漏、有待补充之处，或对以上问题有所解答，还望各位朋友不吝赐教；也可移步豆瓣网上“邬达克的老上海”小组发帖批评指正。这里预先谢过。

致谢

所有对于邬达克旧居的修缮和保护以及本书的
编写和出版提供支持与帮助的单位和个人，包括并不限于：

中共上海市长宁区委员会
上海市长宁区人民政府
上海市文物局

加拿大维多利亚大学图书馆
上海市城市建设档案馆

长宁区教育局
长宁区文化局
长宁区住房保障和房屋管理局
长宁区规划和土地管理局
长宁区外事办公室
长宁区新华街道

邬达克子女及其亲属
陶锦硕、邵珠瑛夫妇及邵修善子女

匈牙利驻上海总领事馆
斯洛伐克共和国驻上海总领事馆

后记

大概，我真的与邬达克和邬达克建筑有缘……

记得2008年冬天的一个午后，与友人小聚，席间有朋友说起有这样一幢建筑，需修缮在找投资人。由于共同兴趣使然，随即大家来到番禺路129号。当时，室内我们进不去，室外看起来差不多就是废墟。一行人看过后，各自散了。因为其他事，我接着要去拜访一位有建筑背景的朋友，无意间说起此事。记得当时，这位朋友两眼发光地跟我讲述邬达克的建筑和他的传奇人生。被他的描述感染，我弄来了这幢建筑"修旧如旧"的最初设计方案，和我这位朋友开始与长宁区教育局（邬达克旧居的产权拥有者）有关这幢建筑租赁与修缮投资的接触。那年，正是上海的"邬达克年"。

开始的时候，我并没有一定要投资的感觉，只是随缘往前走着。2009年的一天，我驱车虹桥机场送早班飞机，返回时经过番禺路，因时间尚早，便独自一人来到这幢建筑前。记得那天旧居笼罩在薄薄的晨雾里，年久失修的破败让人平生几分怜爱，不知为什么，我对这幢建筑顿生情愫。也许我是这个城市的异乡人，邬达克也是，而这幢建筑是异乡人的家。因为这份情愫，我们提交给长宁区教育局的方案也就越来越丰满了。

2010年夏天，为修缮邬达克旧居而专门注册的上海大钧房地产开发有限公司成立，开启了与这幢建筑的实质结缘。2011年的一天，友人带出版社的编辑徐林林老师（本书的特约编辑）来找我，想进邬达克旧居内（当时是修缮工地）拍些照片，徐老师拿着一本他2008年编辑出版的《上海邬达克建筑》一书赠我，就是这天我和徐老师一拍即合，有了编写、出版这本书的计划。

在这里特别要感谢加拿大维多利亚大学图书馆无偿提供了邬达克和邬达克旧居的大量珍贵历史照片和资料，使读者有缘一睹许多从未面世的史料，也增添了本书的学术价值。非常感谢华霞虹老师、钱宗灏老师给本书撰稿冯立先生提供的帮助；感谢陶锦硕先生、谈会明先生、陈宗亮先生、陈基康先生、田瑞华博士、薛理勇先生、方毓强先生、曾毅老师、曹懿华老师、陈成贤老师、虞桂兴老师、徐亦平先生等等诸多师友对本书的编写给予的种种帮助和指导。

还要感谢中共上海市长宁区委员会、长宁区人民政府、上海市文物局文物保护管理处、上海市住房保障和房屋管理局历史建筑保护处、长宁区文化局、长宁区教育局、长宁区外事办公室的支持与帮助。还有参与了邬达克旧居修缮工程的设计、施工、监理、造价的所有工作者，是大家的辛勤劳动让这幢建筑涅槃重生。

更要感谢热爱邬达克和邬达克建筑的上海市民们。邬达克旧居修缮工程或多或少总会影响到周边居民，但修缮的三年间，工程没有一例市民投诉，而且，在整个修缮过程中每天都有市民来关心和探访。2013 年，位于邬达克旧居一楼的邬达克纪念室对公众免费开放，我们经常可以看到普普通通的市民他们或一手提着菜，或一手拿着资料，在纪念室里相互交流，有些市民还对感兴趣的问题做了大量考证，他们的兴趣和热情才是我们这座城市文物及历史保护建筑的中坚力量。这些建筑同时又影响着这个城市的气质及人们的生活方式，因为建筑是凝固的历史和文脉。

经过三年多努力 , 这本书问世了。本书记录了邬达克从一个流亡的战俘成长为著名建筑师的经历，也记录了邬达克建筑作品成为上海城市面貌重要记忆的真实写照。同样，这本书为众多国际友人，每一个喜欢上海这座城市建筑的欣赏者，增加了一本有益的建筑文化读物。为我有幸为“邬达克的家”——番禺路 129 号修缮投资和本书的出版，尽绵薄之力而感到欣慰。

水本无华，相荡乃成涟漪；生命本无界，融合而成大器。

2015 年 1 月

图书在版编目(CIP)数据

邬达克的家：番禺路129号的前世今生/本书编委会编.
—上海：上海远东出版社，2015
ISBN 978-7-5476-0927-9

Ⅰ. ①邬… Ⅱ. ①本… Ⅲ. ①建筑艺术-上海市-近代
Ⅳ. ①TU-862

中国版本图书馆CIP数据核字(2014)第258567号

邬达克的家
——番禺路129号的前世今生
本书编委会编
特约编辑/徐林林　责任编辑/薛雅平　装帧设计/李　廉

出版：上海世纪出版股份有限公司远东出版社
地址：中国上海市钦州南路81号
邮编：200235
网址：www.ydbook.com
发行：新华书店上海发行所　上海远东出版社
　　　上海世纪出版股份有限公司发行中心
制版：上海文艺大一印刷有限公司
印订：上海文艺大一印刷有限公司

开本：889×1194　1/16　印张：13　插页：4　字数：40千字
2015年3月第1版　2015年3月第1次印刷

ISBN 978-7-5476-0927-9/TU·97
定价：398.00元